はじめての解析学

微分、積分から量子力学まで

原岡喜重　著

装幀／芦澤泰偉・児崎雅淑
カバーイラスト／たなか鮎子
もくじデザイン／中山康子
本文図版／さくら工芸社

はじめに

　自然の本質は変化です。人類は自然がどのように振る舞うのか，つまり自然がどう動くのかを知りたいと願ってきました。自然の動きがわかればその脅威から身を守ることができるかもしれないし，その恩恵をより多く手に入れることができるかもしれません。ところで自然の動きを「知って」脅威から身を守り恩恵を多く手に入れる，というのは，人間に限らずあらゆる生物に共通する行動です。生物は経験によって自然の動きを知ります。これまでこうだったから，これからもこうだろう，と（時には幾世代にもまたがる）帰納に基づいて行動します。人間が他の生物と違うのは，もちろん経験で知る部分も大きいけれど，自然の中に法則を見つけ，演繹によって自然の動きをとらえようとするところです。その営みが自然科学です。

　さて，本書の標題にある解析学とは，数学としてこの変化を調べる学問です。数学を大きく分けると，代数学・幾何学・解析学となります。素朴にいえば代数学は数や式を扱う学問，幾何学は図形を扱う学問です。解析学は関数を扱う学問ともいえますが，関数は変化を記述するための道具であっ

て，解析学の本来の対象は変化です。変化するものは数や図形といった動かないものに比べて格段に調べにくく，ましてや変化そのものというのはとらえどころがありません。したがって解析学は数学の中でも敷居が高いと思われることが多いようですが，代数学・幾何学に劣らず魅力に富んだ学問で，しかも変化を調べる自然科学と深く結びついているため，とても豊かな内容を持っています。そのような解析学の姿を多くの方に知ってもらいたいというのが本書の目的です。

　解析学の面白さは，まず第一に変化をどのようにとらえればよいかという考え方にあります。我々は基本的に動かないものでなければ俎板に載せて料理することはできません。動いているもの，あるいは動きそのものを，どうやって俎板に載せるか？　多くの優れたアイデアがそれを可能にしました。微分というのはそのようなアイデアの中でも最も重要なもので，微分法の発見は人類の歴史における最大の事件といっても過言ではありません。

　第二の面白さは，自然との結びつきでしょう。物理学をはじめとする自然科学と数学，中でも解析学は，手を携えて自然の解明に取り組んできました。自然科学の問題を解明するため解析学が進歩し，あるいは独自に進歩した解析学が自然科学の問題を解決する，というように，解析学は自然科学と双方向的な関わりを持っています。それが解析学に広がりと奥行きをもたらすことになりました。何よりいろいろな自然現象が解析学の力で解明されていくところが魅力的です。

　第三には，多様な思考技術が挙げられるかもしれません。

解析学は変化というデリケートなものを扱い，また自然の様々な現象を扱うため，実に多くの概念や技法が考案されました．ああ，このように考えれば調べられるんだ，こんな発想があるんだ，というふうに楽しんでいただければ解析学の面白さがよくわかると思います．ただし，あまりにも技巧的すぎるとか，こんなことを思いつかないと解析学はできないのか，という受け取り方をされる可能性も高く，解析学のこの側面は長所にも短所にもなり得るものです．

　第四には，解析学も数学の一分野として，数学に内在的なものを研究するという側面を持っています．つまり物理の問題を解くためとか，生物学の現象を調べるためとかではなく，数学という学問の内部から生まれたなにがしかの存在というものが解析学にもあります．あたかもそこに埋められていて，誰かに掘り出されるのを待っていたかのような存在です．そのようなものを発見し研究するというのは，数学の1つの醍醐味といえましょう．名前しか挙げることができませんが，アーベル積分，パンルベ方程式，楕円モジュラー函数（かんすう）など，たくさんあります．ただしこのような存在は解析学に限定することなく数学という枠組みでとらえるべきと考え，本書では特に取り上げることはしませんでした．

　本書では，歴史の流れに沿って解析学が生まれ育っていった様子を述べていこうと思います．解析学は，既に古代ギリシアで考え始められました．そこで多くの重要な見方・考え方が培われたのですが，解析学が本格的に活動を始めるのは，17世紀に微分法が発見され，ニュートン力学が誕生して

以降です。その少し前に，ケプラーとガリレオによる自然科学における記念碑的な仕事がありました。

ニュートン以降は堰(せき)を切ったように研究が進められ，自然現象が次々と解析学によって解明されていきます。この頃の解析学は，物理学と渾然一体となっていたように思われます。そのような激動の中，フーリエの熱の研究が現れました。フーリエの研究もそれまでの解析学の流儀に則り，かつアイデアにあふれたものでしたが，解析学の基礎の部分に深刻な問題を投げかけるきっかけとなりました。解析学は変化を扱う学問であると述べましたが，無限を扱う学問という言い方もできるかと思います。無限を下手に扱うと深刻な矛盾が生まれ，論理の上に成り立っている数学が拠(よ)り所を失って崩壊してしまうかもしれない，そのような危機感は古代ギリシアから持たれていたのですが，それがより深刻な形で再び姿を現したのです。しかし19世紀の人々は，その困難に正面から立ち向かい，逆に解析学（ひいては数学）の基盤となる実数の定義や無限の扱い方を見事に作り上げました。

19世紀は奇跡の世紀と呼ぶにふさわしい輝きを見せます。数学の堅牢な基礎を築いただけでなく，楕円積分からアーベル積分・アーベル函数へ至る研究，複素函数論，リーマン面の理論など，解析学の関わるものだけでも錚々(そうそう)たる大理論がうち立てられたのです。本書ではこのうち複素函数論（複素解析）について1つの章を充てて説明します。アーベル積分やリーマン面については，非常に面白い理論ではあるのですが，その深い内容に触れるためにはいろいろと準備が必要で，また内容も解析学からはみ出して数学全般に及ぶことか

ら，本書では扱わないこととしました。

さて奇跡の 19 世紀を経て 20 世紀になると，数学は深化と抽象化が進み，また計算機の発達で計算実験がどんどんできるようになって，研究スタイルもいろいろと変化しました。解析学について述べると，大きな影響をもたらしたのは量子力学の発見でしょう。量子力学は 20 世紀の科学における最大の発見の 1 つで，それまでの物理学（古典物理学と呼ばれるようになりました）でとらえた世界像を一変するような衝撃をもたらしました。しかしできあがってみると，量子力学は多くの現象を精密に記述する正しい理論であることがわかり，今ではスタンダードな理論として広く受け入れられています。そのような理論がなぜそれまで発見されなかったのか，その事情は，古代ギリシアから 2000 年もの間微分が発見されなかったのと似ているように思えます。キーワードは「間接性」です。詳しくは本文をご覧頂ければと思いますが，間接的にしかつかまえられないものを俎上に載せるのに活躍するのが数学の概念です。量子力学はその記述に必要な数学（解析学）の進歩を促し，数学（解析学）はその刺激を受けて独自に発展を遂げ，その成果を量子力学にフィードバックする，という幸福な関係が成り立ちました。量子力学における数学の姿を，最終章で記述します。

解析学では微分・積分をはじめ，いろいろな数学の概念を使います。それらの概念については，成り立ち・意味・使い方を説明してから使うように努めました。普通の教科書では，概念を定義してから練習問題を解いてその概念を身につ

ける,というスタイルが取られますが,本書では練習問題は載せない代わりに説明に力を注ぐことにしました。全体の姿・流れを見るためにはそちらの方が適当と考えたからです。(もちろん練習問題を解くのは大事なことですので,意欲のある方には練習問題に取り組まれることをお勧めします。)もしかすると,議論についていけない,なぜこのようなことをするのか理解できない,というところもあるかもしれません。そういうところでは立ち止まってじっくり考えてもいいし,気にせずに先に進んでもいいのですが,どこか1ヵ所でもいいので自分なりの決着をつけていただきたいと思います。1ヵ所が腑に落ちると,他の場所の見え方も変わってくるかもしれません。

　解析学というのは巨大な研究分野で,そのすべてに通暁するのは大変なことです。(そのような「巨人」は世の中に確かにいらっしゃいますが。)私は主に微分方程式の代数的側面の研究をしており,現代の解析学の中ではいわば辺境の方に位置していると思います。(昔であれば王道だったかもしれません。)したがって解析学の多くの分野は私にとってはいわば専門外で,そのためこのような本を書くことについては非常に躊躇しました。ブルーバックス編集部の梓沢修氏の強い勧めで執筆をお引き受けしたのですが,思った通り険しい道が待ち受けていました。しかし専門家にすれば当たり前だけれどそうでない人にはなぜそうするのかわからない,ということはよくあって,少し専門から離れている立場の方が意味を伝えるには適しているかもしれないと思うことにし

て，何とか書き進めました。ご存じでしょうか，もう亡くなりましたが小倉遊亀（おぐらゆき）という日本画家がいます。素晴らしい絵をたくさん残していますが，彼女は師の安田靫彦（ゆきひこ）から，「1枚の葉を手に入れなさい。そうすれば世界が手に入る」といわれたそうです。このことばと1枚の葉を通して世界を手に入れた小倉遊亀を励みに，巨大な解析学に挑んでみようと思います。それでは解析学の魅力を，お楽しみ下さい。

もくじ

はじめに *3*

1 解析学の黎明 *12*

プラトンのイデア *12*
アキレスと亀 *18*
アルキメデス *21*

2 微分の誕生 *37*

ケプラー *37*
ガリレオ *42*
微分の発見 *53*
微分についてもう少し *63*

3 微分は積分も可能にした *71*

微分と積分の関係 *83*
積分についてもう少し *91*

4 ニュートン以降,フーリエまで *96*

平均値の定理 *96*
弦の音の方程式 *99*
18世紀の数学者たち *106*
フーリエと熱方程式 *117*
ベクトルの内積 *125*
フーリエの解法 *129*
フーリエの引き起こした議論 *131*

5 実数と関数 *142*

無限和のややこしさ *142*
数列の極限 *149*

実数の構築 *160*
実数の完備性 *166*
実数の連続性 *168*
実数を認識すること *171*
関数 *183*

6 微分方程式 *189*

求積法 *189*
解の存在と一意性 *194*
超関数 *206*
ルベーグ積分 *211*
関数解析 *221*

7 複素解析 *236*

複素関数 *244*
正則関数 *252*
コーシーの積分定理 *256*
解析接続——定義域を広げる *265*
流体力学とリーマンの写像定理 *283*

8 量子力学 *299*

とびとびの値を取る——量子 *300*
密度関数 *305*
複素内積とエルミート行列 *309*
シュレディンガー方程式 *315*
物理量とは何か *331*

あとがき *343*

参考文献 *345*

さくいん *347*

1 解析学の黎明

　古代ギリシアにおいて，現代の数学の礎が築かれました。解析学についても，古代ギリシア人が理解を深め，ある面では現代の解析学に肉薄するところまで来ていました。解析学が成り立っていく様子は，古代ギリシアで考えられたこと，成し遂げられたことを頭に置いておくと，広がりを持って理解できるように思います。そこで第1章では，古代ギリシアの解析学に関わる3つの話題を取り上げることにします。

プラトンのイデア

　ソクラテスという名前は聞いたことがあるでしょう。古代ギリシアのアテネで活躍した，名高い哲学者です。ソクラテスはアテネの街で，若者をつかまえては「よい生き方とは何か」「ものを知っているとはどういうことか」というような問答をしかけ，正しい考えに導いていったそうです。しかし彼の考えや行動は為政者や有力市民の反感を買い，裁判で死刑を宣告されます。脱獄することも可能でしたが，ソクラテスは「我々の国家が決めたことだから」と従容として死刑を受け入れ，自ら毒を飲んだといいます。

1　解析学の黎明

　プラトン（BC 427〜BC 347）はソクラテスの若い弟子でした。国家をよりよい方向に導こうとした尊敬する師が，その国家によって殺されてしまった。そのことに強い衝撃を受けたプラトンは，そもそも国家とは何物か，正しい国家はどのようにしたら作ることができるのか，ということを深く考え始めます。そして『国家』という大著を著しました。『国家』は，ソクラテスがいろいろな人と問答をしながら，正しい国家のあり方を浮かび上がらせていくという形式で書かれています。ソクラテスが『国家』の中で語っていることばは，プラトンのことばと考えてよいでしょう。

　プラトンは，国家は，「善とは何か，正義とは何か」ということを正しく感得できる人が治めるべきである，という結論に達します。為政者は常に判断を求められます。そのときに，ひたすらどうするのが善であるか，正義であるか，と考えて判断を下すべきであるというのです。世の中はいろいろな事情が絡み合っていて，一見正しそうなことでも，ほかの立場から考えると正しくない，というようなことはよくあります。そのようなときどれが正しいか，どれが正義にかなうかを見極めるためには，「善」そのもの，「正義」そのものがわかっていなければなりません。この「そのもの」のことを，イデアといいます。言い換えると，いろいろな状況に左右されない，絶対的な善，絶対的な正義の基準を自らのうちに持っていることが，為政者に必要ということです。

　イデアという概念を理解するには，やはりプラトンの書いた『饗宴』を読んでみるのがよいでしょう。そこでは「美」（のイデア）とは何かについて，ことばを尽くして説明があり

13

ます。久保勉氏訳『饗宴』(岩波文庫) からいくつか引用してみます。本当の美とは,

- 生ずることもなく,滅することもなく,増すこともなく,減ずることもなく
- 一方から見れば美しく,他方から見れば醜いというようなものでもなく
- 時としては美しく,時としては醜いということもなく
- これと較べれば美しく彼と較べれば醜いというのでもなく
- ある者には美しく見え他の者には醜く見えるというように,ここで美しくそこで醜いというようなものでもない
- 顔とか手とかまたはその他肉体に属するものとして観者に顕れることもなく
- ある者の——例えば,生物の内に,または地上や天上に,またはその他の物の——内にあるものとしてでもなく……

どの説明も,「こういうものではない」という否定による特徴付けになっています。「こういうものだ」と説明してもらえればわかりやすいのに,と思うところですが,言葉で定義できるような概念ではないのです。ですから,自分の今までを振り返り,「そういえばあのときに(あの景色を見たときに,あの音楽を聴いたときに,……),身体を貫かれるような美しさを感じたけれど,あれが美のイデアに接したということなのかな」というような経験から,自分の内側に概念を作っていくほかはないのです。

そうです，美のイデア，正義のイデア，善のイデアといったイデアは，自分の（頭の，心の）内に作り上げられるものなのです。さてそれでは正義のイデアを獲得しようと思ったら，正義について勉強し，深く考えなくてはなりません。しかしそれと同時に，どのようになったら「イデアを獲得した」と言えるのだろうか，ということをわきまえておくことも重要です。そのための訓練には数学が最適である，とプラトンは考えました。

たとえば我々は，二等辺三角形の 2 つの底角は等しいということの証明を理解します。（2 辺の長さの等しい三角形を二等辺三角形と言います。）証明してみましょう。

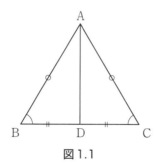

図 1.1

AB＝AC である二等辺三角形 △ABC において，辺 BC の中点 D をとります。すると 2 つの三角形 △ABD と △ACD ができますが，この 2 つの三角形においては AB＝AC（二等辺三角形だから），BD＝CD（D が中点だから），AD は共通，となっているので，3 辺の長さがそれぞれ等しくなります。したがって 2 つの三角形は合同となります：

$$\triangle \text{ABD} \equiv \triangle \text{ACD}.$$

合同な三角形においては対応する角が等しいので,

$$\angle \text{B} = \angle \text{C}$$

が得られます。これで証明終わりです。

　私たちは小学校以来，算数・数学を習ってきたので，この証明はわかりますが，これはある意味では非常に高度なことをしています。まず二等辺三角形というのは，説明のために図 1.1 に絵を描いてみましたが，この形をしているとは限りません。他にもいろいろな形の二等辺三角形があります。

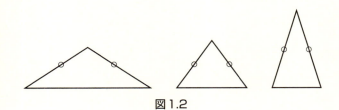

図 1.2

　二等辺三角形について議論するときには，二等辺三角形の図形を描いたり思い浮かべたりしますが，その二等辺三角形は人ごとに違うものでしょう。あなたは細い二等辺三角形を思い浮かべ，私は太い二等辺三角形を思い浮かべているかもしれません。しかしどのような二等辺三角形を思い描いても，上で行った証明は揺るぎなく通用します。さらに言えば，図 1.1 や図 1.2 にある図形は，印刷の線の幅があるので，辺に見えるものは厳密には線分ではありません。このような

曖昧さにもかかわらず，みながこの証明を理解し主張が正しいことがわかるのは，みなが二等辺三角形とか，三角形の合同，といった概念を，個々の形状やケースによらない抽象的なものとして獲得しているからです。つまり我々は，二等辺三角形のイデアを獲得しているのです。

プラトンは，数学における概念はイデアに他ならないと看破し，イデアを獲得する能力を養うには，数学を勉強するのがとても有効であると考えました。『国家』の中から関係するところを拾ってみましょう。第7巻6章以降です。そこではソクラテスが，国の指導者を養成するためには，どのような学問・学科を教えるべきか，というテーマで問答をしています。第1に挙げられたのは「算術」です。これは数に関する学問で，商売や軍事に役立つという理由ではなく，数というのは非常に抽象性の高い概念だから，イデアの獲得に有効であるということですね。2番目が「幾何学」で，これは図形に対する学問です。幾何学の果たす役割は，二等辺三角形の例で見たように，やはりイデアの獲得に有効ということです。

さてソクラテスが3番目に挙げたのは，「天文学」です。すると問答の相手である弟子のグラウコンは，やっと自分にも理解できたと思い，「確かに天文学は，農耕・航海さらには軍事に役立ちますからね」と喜んで言います。それに対してソクラテスは，そのような役割のために天文学を挙げたのではない，として，天文学を第3の学科に挙げた理由を説明し始めます。それをよく読んでみると，天文学とは星の運行を司る法則を研究すること，と規定して，星という（美しく輝い

てはいるが）形のあるものではなく，その「運動」こそが対象として重要なのである，と述べているのです。つまりソクラテス（すなわちプラトン）が挙げたのは，我々の普通に思っている天文学ではなくて，運動の学問，言い換えると変化を調べる学問，すなわち**解析学**に他ならないのです。この部分は，変化そのものを調べる学問としての解析学が明示された，記念すべき記述だと思います。

プラトンは実際に国の指導者を養成する教育機関として「アカデメイア」という学園を作り，そこでは数学が最も重要な科目として教えられていたそうです。

アキレスと亀

アキレスというのはギリシア神話に現れる英雄の一人で，足が速いことで有名でした。一方の亀は足の遅い動物の代表です。足の速いアキレスが足の遅い亀に決して追いつけない，というのが「アキレスと亀」と呼ばれる逆理（パラドックス）です。なぜアキレスは亀に追いつけないか？ 亀のスタート位置はアキレスより前にあるとします。両者が一斉にスタートすると，アキレスはまず亀のスタート位置まで行かなければなりません。そこに着いたとき，亀は遅いとはいえ少しは先に進んでいます。アキレスがその亀の位置に着いたとき，亀はやはり少し先に進んでいます。このように考えると，いつまでたってもアキレスは亀より前に出ることはできないのです。

普通に考えるとアキレスは「あっ」という間に亀を追い越すはずなのに，論理的にはいつまでも追いつけないというこ

図1.3

とになって，これは論理が我々の正しいと思う感覚に反逆している証拠と考えられるのです。そのためこの話は逆理（パラドックス）と呼ばれるのです。古代ギリシア時代にはこのような逆理がいくつも知られていました。ギリシア哲学は論理を重んじ，世界を論理で説明することを目指していたので，数々の逆理はその論理を崩壊に導く非常に危険なものと考えられました。

そこで防衛手段が執られました。アキレスと亀では，アキレスが到達する，亀が進む，というプロセスを限りなく続けることでおかしな結論に至っているわけですから，この「限りなく続ける」ということが悪いと考え，そのようなことはしてはいけない，と決めたのです。「限りなく」というのは「無限」ですから，これを無限の排除と呼ぶことができます。

プラトンも無限の持つ危険性を鋭く認識していて，慎重に無限を排除しました。

さて現在の我々は，アキレスと亀のパラドックスに困ることはありません。それは数学が進歩したからです。このパラドックスは後ほど解決してみせますが，その下準備としてこのパラドックスを定量化しておきましょう。

アキレスの速さを10，亀の速さを1としてみます。別に10と1に特別な意味はなくて，アキレスの速さの方が大きい値であれば何でも結構です。10は秒速10m，1は秒速1mと思って下さい。亀のスタート位置は，アキレスより10m先にあるとしましょう。

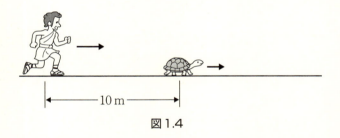

図1.4

アキレスは秒速10mですから，1秒後には亀のスタート位置に到達します。1秒経過しているので，秒速1mの亀は1mだけ先に進んでいますね。そこにアキレスが到達するには，1/10秒かかります。するとその間に亀は1/10m進んでいます。そこにアキレスが到達するには1/100秒かかり，その間亀は1/100m進みます。このようにしてアキレスと亀の進む距離を求めると，アキレスは

$$10+1+\frac{1}{10}+\frac{1}{100}+\cdots,$$

亀は

$$1+\frac{1}{10}+\frac{1}{100}+\frac{1}{1000}+\cdots$$

となり，亀に 10 m のハンデが与えられているので，いつまでも

　　　アキレスの到達距離 < 亀の到達距離

となるのです．ちなみに各ステップにかかる時間を足していくと，

$$1+\frac{1}{10}+\frac{1}{100}+\frac{1}{1000}+\cdots$$

となります．

アルキメデス

　アルキメデス（BC 287 頃〜BC 212）はイタリアで活動した人ですが，古代ギリシア文明の最後を飾る巨人です．アルキメデスの仕事を本質的に超えたのは，2000 年後に現れたニュートンで，それまでの間アルキメデスはトップに居続けました．彼のすごいところは数多く挙げられますが，とりわけ本質を見抜く自由で勇敢な精神が素晴らしい．アルキメデスは，ピタゴラスやプラトンらによりタブーとされていた「無

限」を恐れず，むしろ積極的に無限を用いて，それまで誰もがなしえなかった数々の発見をしています。特に円や球に関する研究はめざましいもので，

> 球の体積はそれに外接する円柱の体積の 2/3 である

というような定理をいくつも発見しました。彼はこの定理をことのほか気に入ったようで，自分の墓にこの定理を表す絵を記すように言い残したそうです。

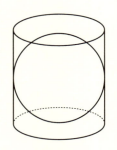

図 1.5
アルキメデスの墓に描かれていたという絵

この定理の証明は少し複雑になるので，より簡明な次の定理について説明しようと思います。

定理 1.1 円の面積は，その円の円周を底辺，半径を高さとする直角三角形の面積に等しい。

まず定理の主張を図示してみましょう。

22

1 解析学の黎明

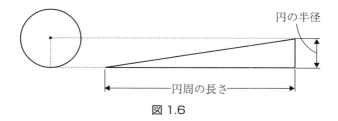

図 1.6

次に式で表してみます。円の半径を r とおくと，学校で習った我々の知っている公式から

$$円の面積 = \pi r^2$$
$$円周の長さ = 2\pi r$$

となります。すると定理にある直角三角形の面積は

$$\frac{1}{2} \times 2\pi r \times r = \pi r^2$$

となって，確かに円の面積に一致します。では「我々が学校で習った公式」は誰が発見したのかというと，実はこの定理がその公式のオリジナルなのです。つまりこの定理は，円の面積が，円周と直径の比である円周率 π と円の半径 r を用いて，πr^2 と表される，という主張そのものなのです。

ではこの定理を示そうとすると，円という曲線で囲まれた図形の面積は，どうやって求めたらよいのか，という困難に気づきます。長方形の面積は，タテ×ヨコ で求められ，すると三角形の面積は 底辺×高さ÷2 で求められます。

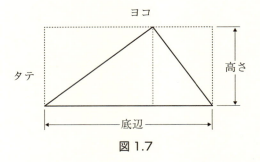

図 1.7

　線分で囲まれた図形（多角形）はいくつかの三角形に分解できるので，基本的にこれらの公式で求めることができます。ところが図形が曲線で囲まれていると，この方法は通用しません。「曲線で囲まれた図形の面積なら，積分を使えば計算できるじゃないか」と言われる方がいるかもしれませんね。その通りです。高校で習う積分を使うと，円の面積は πr^2 と計算されます。しかし我々が行うような積分の計算が可能になったのは，アルキメデスの 2000 年後にニュートンが現れて以降のことです。これについては第 3 章で説明します。

　では，アルキメデスはどうやって円の面積を求めたのでしょうか。実は彼も積分をしました。アルキメデスの思考と証明を追いながら，あわせて積分とは何かということも考えていきましょう。

　アルキメデスはまず円の面積と直角三角形の面積が等しいことに気づき，その後でその予想の厳密な証明を与えたと考えられています。この予想と証明のいずれの段階において

も，積分の考え方の核心部分が現れます。

まず，なぜ円の面積と直角三角形の面積が等しいと思いついたのか，ということですが，これは円をいくつかの扇形に切り分けることでわかります。たとえば中心角 30°の扇形 12 個に切り分けて，それを並べてみましょう。

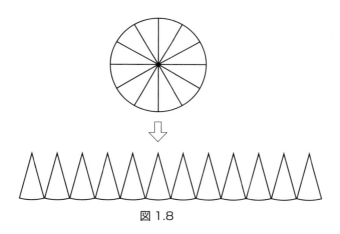

図 1.8

扇形が何となく二等辺三角形に見えます。その底辺は曲がっているけれど，その長さは円周/12，高さはだいたい半径 r と思えます。もっと細い扇形に切り分けてみましょう。扇形を細くするほど，三角形と見た時の底辺にあたる円弧の湾曲はわずかになって線分に近づき，高さも半径 r に近づいてきます。

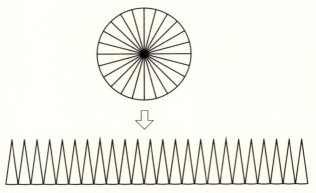

図 1.9

これが本当の三角形だとすると,それらを並べた時の底辺の長さの合計は円弧の長さの合計,すなわち円周になります。そうするとその面積の合計は

$$(底辺の合計) \times (高さ) \div 2 = 2\pi r \times r \times \frac{1}{2} = \pi r^2$$

となります。なおここで同じ高さの三角形の面積の和を求める際に,次の図 1.10 のような議論を使いました。

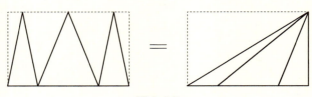

図 1.10

1 解析学の黎明

　このような思考は自由で魅力がありますが，厳密ではありません。いくら細くしても扇形は扇形で，円弧の部分はわずかながらも曲がっているのです。しかし扇形を細くすればするほどその底辺は線分に近づいていくので，限りなく細くすれば三角形と考えてよいのではないか，というのがアルキメデスの発想です。ここで彼は，「限りなく」＝「無限」を積極的に使っているのです。ただし扇形を限りなく細くすると，その面積は0になり，代わりに個数は無限個になるでしょう。そうすると面積の計算は

$$0 \times 無限 = \pi r^2$$

となる？　普通の人だと訳がわからなくなるようなこんな奇怪な状況にひるむことなく，アルキメデスは正しい答えに到達しました。限りなく細い扇形というのは仮想的なものですが，正しい答えに導く力を持っている重要な概念です。このような限りなく小さい（細い，短い，……）という仮想的な対象を**無限小**と言います。無限小は，積分における最も本質的な概念です。

　さて答えを知ったので，後はこれを証明すればよいことになります。無限小扇形による議論では証明になりませんが，アルキメデスは見事なアイデアによって証明を成し遂げました。円の面積を S とおきましょう。その円の円周を底辺，半径を高さとする直角三角形の面積を T とおくと，導きたい結論は $S = T$ です。

　まず $S \leqq T$ を示しましょう。そのため円に対して次のような操作を行います。

①円から内接する正方形を取り去ります。内接する正方形の面積は外接する正方形の面積の1/2ですから，この操作によって残りの面積は元の円の面積の1/2より小さくなります。

図1.11

②次に残った4つの切片から，図1.12のように内接二等辺三角形を取り去ります。内接二等辺三角形の面積は外接長方形の面積の1/2ですから，残りの面積は元の面積の1/2より小さくなります。この時点で，円からは内接正8角形を取り去ったことになっています。

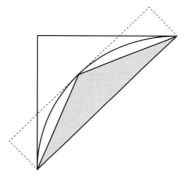

図 1.12

③この操作を続けていきましょう．各ステップにおいて，残りの部分の面積は元の面積の 1/2 より小さくなります．取り去られる図形は円に内接する正 2^n 角形となり，それは円の中心を頂点とする二等辺三角形の集まりと思うことができます．

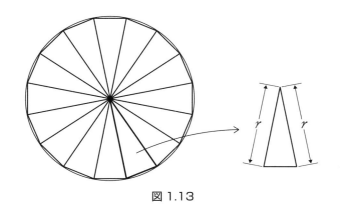

図 1.13

さて、いま示したいのは $S \leq T$ でしたが、仮に $S>T$ であったとします。この時、$S-T$ は非常に小さいかもしれませんが、ともかく正の数です。上の操作を何回も繰り返せば、残りの面積はいくらでも小さくなっていくので、残りの面積を $S-T$ より小さくすることができます。取り去った正 2^n 角形の面積を P とおきます。すると

$$T < P < S$$

が成り立ちます。

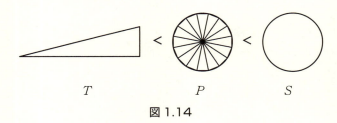

図1.14

取り去った正 2^n 角形は、円の半径を等辺（斜辺）とする二等辺三角形の集まりです。その二等辺三角形の高さは、斜辺である円の半径よりは短くなっています。また底辺の長さは、対応する円弧よりは短くなっています。だからその面積をすべて集めた P は、円周を底辺の長さとし、半径を高さとする直角三角形の面積より小さくなってしまいます。すなわち

$$P < T$$

となります。これは $T<P$ に矛盾するので、$S>T$ というこ

とは起こりえないことがわかりました。したがって $S \leqq T$ が成り立ちます。

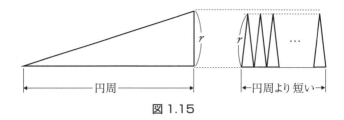

図 1.15

次に $S \geqq T$ を示します。今度は次のような操作を行います。
①円に外接する正方形から，円を取り去ります。円に内接する正方形の面積は外接正方形の面積の 1/2 で，それより大きい図形を取り去ったので，面積は元の面積の 1/2 より小さくなります。

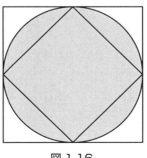

図 1.16

②次に 4 つの残った図形から，図 1.17 のように円に接する直角二等辺三角形を取り去ります。この操作によって面積は

元の面積の 1/2 より小さくなります。それを示しましょう。
図をご覧下さい。

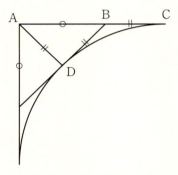

図 1.17

よく見ると，AD＝DB＝BC がわかりますね。すると
△ABD においては AB＞AD だから，AB＞BC が成り立ちます。△ABD と △BCD は同じ高さを持ちますから，この底辺についての不等式から △ABD＞△BCD が得られます。よって BD, BC と円弧 DC で囲まれた残る部分の面積は，△ABD の面積より小さくなります。したがって全体としても，この操作で面積は 1/2 より小さくなるのです。
③次のステップは，各切片から円に接する二等辺三角形を取り去ることです。この操作によっても，面積は 1/2 よりも小さくなります。理由は②と同様です。図 1.18 をご覧下さい。この操作を続けていくと，円に外接する正 2^n 角形から円を取り除いた図形を作ることになります。

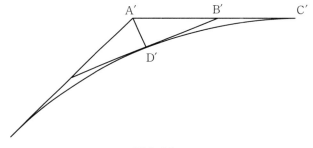

図 1.18

さて,今度は示したいのは $S \geq T$ でした。そこで仮に $S < T$ であったとします。この時,$T - S$ は非常に小さいかもしれないけれど,ともかく正の数ですから,上の操作を何回も繰り返せば,残りの面積はいくらでも小さくなっていくので,残りの面積を $T - S$ より小さくすることができます。その時の外接正 2^n 角形の面積を P とおきます。すると

$$S < P < T$$

が成り立ちます。

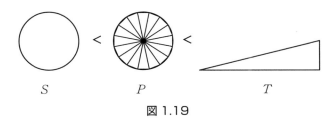

図 1.19

外接正 2^n 角形は,円の半径を高さとする二等辺三角形の

集まりと思うことができます。よってその面積 P は二等辺三角形の面積の和となり、高さが円の半径ですから、P は外接正 2^n 角形の周の長さを底辺、円の半径を高さとする直角三角形の面積に等しくなります。

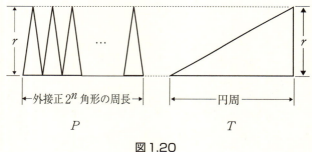

図 1.20

したがって、P と T を比較するには、外接正 2^n 角形の周の長さと円周の長さを比較すればよいことになります。

ここで①、②、③の操作を見てみましょう。これらの操作では外接正 4 角形、外接正 8 角形、外接正 16 角形という具合に、外接正多角形の辺の数を 2 倍に増やしていきます。図 1.17 や図 1.18 を見てみると、辺の数が 2 倍になった外接正多角形の周の長さは、元の外接正多角形の周の長さより短くなっています。そしてそれがだんだん円周に近づいていくのですから、外接正多角形の周の長さはいつまでも円周よりは長くなっていることがわかります。したがって

$$T < P$$

となり、これは $P < T$ に矛盾します。すなわち $S < T$ であっ

たとしたら矛盾に至るので，$S \geqq T$ でなければならないことが示されました。

以上により，$S \leqq T$ と $S \geqq T$ の両方が成立することがわかったので，

$$S = T$$

が成り立つことが示されました。QED （証明終わり）

実に間然するところのない見事な証明ですね。無限を巧妙に避けて，プラトンの批判に耐えられるものになっています。この無限を避ける証明方法は，プラトン流数学の集大成であるユークリッド幾何学において完成された技法で，無限を扱うことによる怪しさを論理から排除することで，揺るぎない証明を与えることができます。アルキメデスは論証では無限の怪しさにつけいる隙を与えず，一方発想においては無限（無限小）を大胆に使いこなして，それまで誰にも知られていなかった事実を発見したのです。二重の意味で無限を自在にコントロールできていたのです。

後世の数学との関係から，アルキメデスの仕事をとらえてみます。アルキメデスは円の面積や球の体積・表面積を求めたので，これは積分を実行したことになります。積分については第3章でお話ししますが，そこで説明される方法はアルキメデスの方法に比べるとはるかに簡単です。その簡単な方法が可能となったのは，アルキメデスの2000年後のニュートンとライプニッツが微分法を発見したことによります。つまりアルキメデスは微分を使わずに積分を行ったことになり

ます。それは非常に困難な道で、アルキメデスだからこそ可能であったと考えられます。

≈≈≈≈≈≈≈≈≈ Tea break ≈≈≈≈≈≈≈≈≈

♣　アルキメデスは円や球の面積・体積について、たとえば「球の体積はそれに外接する円柱の体積の 2/3 倍である」「球の表面積はそれに外接する円柱の表面積の 2/3 倍である」というような形で結果を述べています。そしてかれはこのような美しい関係について、

　これらの性質は、図形の本性としてはじめから備わっていたものなのですが私より前に幾何学を研究した人々の誰にも知られず、それらの図形にそのような関係があろうとは誰も思ってもみないことでした（上垣渉著『アルキメデスを読む』）

と述べています。真理を発見した高揚感にあふれることばですね。（このようなことを言ってみたい、という思いで数学者は数学の研究を行っています。）

2 微分の誕生

ケプラー

　プラトンは国家指導者養成機関「アカデメイア」で教授する重要科目として「天文学」を挙げていて，それは星の運行の法則を調べることで運動そのものを学ぶためであるということでした。つまり星を調べること自体より，それを通して運動・変化を調べることを目的としたのです。

　星の運行というのは身近であり神秘的でもあり，どうなっているか調べたいという人間の好奇心をかき立てるものです。そしてその運行の法則を正しくつかまえた時，我々は実

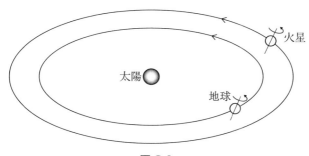

図 2.1

際にすべての運動というものを解明する決定的な手がかりを手に入れたのです。星の運行の法則を正しくつかまえたのが，ケプラー（1571〜1630）です。

現代の我々は，地球をはじめとする惑星は太陽のまわりを回っていて（公転），かつ自らの軸のまわりを回っている（自転）ことを知っています。地球が自転していることによって，恒星は天空を整然と回転します。一方，火星や木星など他の惑星は，地球と同じで太陽のまわりを公転しているので，地球から見ると行きつ戻りつの複雑な動き方をしています。その複雑な動きを説明するため，惑星は，中心が大きな円（搬送円といいます）に沿って回転する小さな円（周転円といいます）の上を回転している，という天動説が作られました。

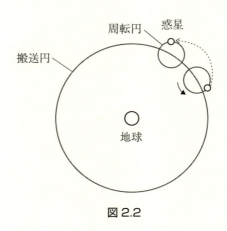

図 2.2

天動説は惑星の動きを何とか円だけで説明しようとして考

案された人工的な説ですが，非常に精度が高く，惑星の動きをとてもよく記述できるそうです。しかしその後コペルニクスの地動説が現れ，地球や惑星が太陽のまわりを公転していると見ることで，惑星の運行を無理なく説明できるのではないかと考えられ始めました。

デンマークの王室天文台長であったティコ゠ブラーエは，星の位置の正確な観測を行い，大量の観測結果を蓄積していました。ティコの研究室に参加したケプラーは，火星の軌道を求める研究に取り組みます。そして天才的なアイデアで，ティコのデータから火星の軌道を読み取ることに成功しました。その方法については，朝永振一郎『物理学とは何だろうか 上』（岩波新書）をご覧下さい。（拙著『なるほど高校数学 三角関数の物語』（講談社ブルーバックス）にもその解説を載せています。）

ケプラーの得た結果は3つあり，ケプラーの第1法則，第2法則，第3法則と呼ばれます。第1法則は惑星の軌道の形に関する法則で，このあとに少し詳しく説明します。第2法則は軌道上を動く惑星のスピードに関する法則，第3法則は軌道の大きさと公転周期（軌道上を1周するのにかかる時間）の関係を述べた法則です。

ケプラーの第1法則は実に衝撃的な結果でした。それまでの人々は，周転円・搬送円といった考え方からわかるように，軌道の形を何とかして円を用いて記述しようとしていました。それは神の作られた星々の軌道は，完全な図形である円で表されなければならない，という宗教的な思い込みによるものです。しかしティコの精密な観測結果に基づいてきちん

とした計算を行うことのできたケプラーは，軌道はどうも円では表されない，という恐ろしいことに気づきました。そして彼はついに，軌道の形が楕円であることをつきとめたのです。

ここで楕円について説明しましょう。楕円の数学的な定義は，「2定点からの距離の和が一定であるような点の軌跡」です。難しそうに聞こえるかもしれませんが，そんなに難しくありません。紙に2ヵ所画鋲を打って，それに糸の両端を結びつけます。そして糸が常にぴんと張っているように鉛筆を引っかけて動かすとできる図形が楕円です。「2つの画鋲の位置が定義にある2定点」「糸の長さが2定点からの距離の和」と対応させると，定義とつながることがわかると思います。2つの定点のことを，楕円の焦点と呼びます。

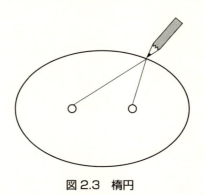

図 2.3　楕円

ケプラーの第1法則は，

「惑星は太陽を1つの焦点とする楕円軌道上を運行する」

と述べられます。ケプラーはこの事実を長い苦労の末に見つけ出しましたが，しばらくは自分の見つけ出したこの事実を信じられなかったそうです。それほど当時の人にとって，想像の範囲を超える衝撃の事実だったのでしょう。

惑星の運行の原因は太陽にあると思われます。太陽に引っ張られるから宇宙の果てに飛んではいかずに，太陽のまわりを回っているのです。楕円軌道に対して太陽は2つある焦点の1つに位置しているので，軌道上で太陽に近いところと遠いところができます。ケプラーの第2法則は，定性的に述べれば，惑星は楕円軌道上，太陽に近いところでは速く，遠いところではゆっくりと動くということを述べています。なおケプラーはこの速さの違いを表すのに，「面積速度一定」という言い方をしています。面積速度というのは，単位時間に惑星が移動した楕円軌道上の弧と焦点にある太陽を結んでできる扇形の面積を表し，それが楕円軌道上の場所によらず一定

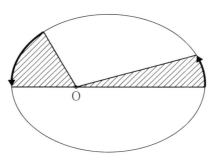

図2.4　面積速度

であるという法則です。この扇形の面積が一定であるためには、焦点に近いところでは移動距離が長く、焦点から遠いところでは移動距離が短くなる必要があり、結果として移動する速さの違いが表されます。

ケプラーの第3法則は、大きな軌道を描く惑星の公転周期は長く、小さな軌道の時は公転周期が短い、ということを定量的に記述しています。

ケプラーはこれらの結果を本にまとめ、この本は100年の間読者を待つであろう、と述べました。つまり100年くらいたたなければ理解する人は現れないだろう、それほど時代を先んじた結果を得たのだ、と感じていたのです。ケプラーの見積もりは少し外れ、約70年後にケプラーの本は読者を得ました。その名はニュートンです。しかしその話に進む前に、もう1人、ケプラーの偉大な同時代人についてお話ししましょう。

ガリレオ

ガリレオの名前は皆さんご存じでしょう。彼は1564年に生まれ、1642年に没しました。16世紀から17世紀にかけて活躍し、人類の歴史に決定的な影響を与えた人です。ガリレオは天体望遠鏡を作って木星の衛星や土星の輪を発見したり、地動説を唱えて宗教裁判にかかって幽閉されたりと、多くのエピソードを持ちますが、彼の成し遂げた仕事の中で最も重要なのは、自然の調べ方・科学のやり方を確立したことではないかと思います。

ソクラテス、プラトンが築いてきたギリシア哲学は、プラ

トンの弟子のアリストテレスによって完成されました。アリストテレスはやはり傑出した人で、論理的に議論する仕方を確立し、森羅万象を基本的な原理から演繹によって導くということを成し遂げました。基本的な原理からあらゆることを導くというのは現代の数学・科学における基本姿勢で、アリストテレスの思想はその意味で現在まで脈々と生き続けています。一方その基本原理はどのように得られたのかというと、それはアリストテレス自身が経験・観察した自然現象が元になっていて、さらにその原理を用いるとその経験・観察の結果が整合的に説明できる、ということによって採用されたのではないかと思われます。これもまた現代に通じる合理的な方法に思えますね。

アリストテレスは森羅万象を説明したので、その考えは人々に安心感を与え、いつしか揺るぎない権威となっていきました。アリストテレスの言っていること（書き残したこと）と違う主張をすると、この安心感を破壊する所業と見なされ、激しく攻撃されるようになったのです。ガリレオはそのような世の中で活動を開始しました。

ガリレオが行ったのは、現在の我々から見ればごく普通のことです。自然はどのように振る舞うのか、ということを知りたければ、自然を見ればよいのです。彼は物が落ちるという現象を「見て」、いろいろなことに気づきました。例えば重い物と軽い物はどちらが早く落ちるか、ということについて、アリストテレス学派の主張とは違って、重い物が早く落ちるのではなくどちらも同じ速さで落ちることを発見しました。それを知るためには、いろいろ理屈をこねる必要はなく

て，重い物と軽い物を一緒に落としてみればよいのです。ガリレオはさらに，落下する物体はその速度をだんだん上げていくのですが，それがどのような割合で速くなっていくのかを突き止めました。物が落下する速度はかなり速くて調べにくいので，彼はボールをまっすぐ落とすのではなく斜面を転がしてその速度の変化を調べました。彼の使った実験器具を再現した物がイタリア，フィレンツェのガリレオ博物館（以前は科学史研究博物館と言った）にあるようです。この落下の実験について，少し詳しく考察したいと思います。

図2.5　ガリレオの斜面
ガリレオ博物館所蔵　撮影者不明

まず知っておかなければいけないのは，ガリレオの時代にはまだ速度が定義できていなかったことです。速度が一定であれば，

$$(はやさ) \times (じかん) = (きょり)$$

によって速さ（速度）が定義できます。つまり距離が時間に比例するときに限って，その比例定数として速度が定義できるのです。距離が時間に比例しないときには，「速さが変化している」ということになりますが，その変化している最中の速さを定義する方法は見つかっていませんでした。

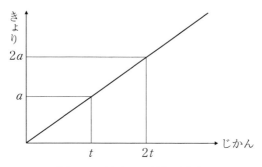

図2.6　時間・距離・速度

しかしガリレオは賢い方法で速度の変化を測りました。単位時間（1秒など一定の時間）ごとの距離を測ることにしたのです。こうすれば各瞬間の速度を用いることなく，だんだん速くなる様子を記述することが可能になります。（ケプラーがその第2法則を記述するのに面積速度というものを用いたのと同じ発想ですね。）斜面にボールを転がしたとき，はじめの1秒間に進む距離を a とすると，次の1秒間にはその3倍の $3a$ だけ進み，その次の1秒間には5倍の $5a$ 進み，さらにその次の1秒間には7倍の $7a$ 進む，ということがわかり

ました。単位時間が経過するにつれて，進む距離が

$$a, \ 3a, \ 5a, \ 7a, \ 9a, \cdots$$

というように増えていくのです。図 2.5 の斜面には可動式のゲートがついていて，そのゲートに下げられた鈴がボールが通過する時にボールに触れて鳴る仕組みになっています。ガリレオはこのゲートの位置をいろいろと動かして，鈴の音が等間隔に聞こえる場所を探しました。その結果スタート地点から $a, 3a, 5a, 7a, 9a$ という間隔でゲートを設置すると，鈴の音がきれいに等間隔に聞こえることを見出したのです。これらの距離を順次足していくと

$$\begin{aligned}&a\\&a+3a=4a\\&a+3a+5a=9a\\&a+3a+5a+7a=16a\\&a+3a+5a+7a+9a=25a\end{aligned}$$

となるので，n 秒後の到達距離が n^2a になることがわかります。

ガリレオはこの実験結果から，

落下現象においては速度が時間に比例する

という法則を導き出しました。（速度の定義はできていませんでしたが，ガリレオは速度については取り扱い方を心得ていたのです。）さらにガリレオは，この法則から

落下現象においては距離は時間の2乗に比例する

という法則も導き出しました。これは先に n 秒後の到達距離について見たことですが、単位時間（1秒）の区切り方によらずに成り立つことを示したのです。

こうして物が落下する時の法則がわかったので、ガリレオはこの法則を使って大砲の弾道の計算などをします。「L という距離にある敵陣に大砲の弾を落とすには、どの角度で撃ち出せばよいか？」という問題だとしましょう。わかりやすいように現代の記号や概念を使って説明します。（これから出てくる数式は理解できなくても構いません。数式を使って結論が出るということを見ていただければ十分です。）敵陣の方向に向けて水平に x 軸をとり、y 軸は垂直上方向にとります。大砲は xy 平面の原点の位置にあるとして、t 秒後の弾の位置を $(x(t), y(t))$ とおきます。弾を撃ち出す角度を θ（シータ）とします。

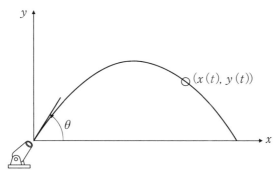

図2.7　弾の運動

撃ち出された弾は，x方向にも進みつつ，しばらくは上昇してそれから下降します。x方向への進み方は，撃ち出されたときの速度を保ったままとなります（等速運動）。y方向，すなわち垂直方向へは，撃ち出してから一番高い位置（頂点）に達したあとは，その位置から自由落下をしますが，撃ち出してから頂点に達するまでの運動は，頂点に達してから地上に落ちてくるまでの運動をちょうど反転させたもの（ビデオの逆回し）と考えることができます。ということは，弾を撃ち出してから落ちるまでにかかる時間は，頂点に達するまでの時間（t_0としましょう）のちょうど2倍になります。

弾を撃ち出すときの速度の大きさをVとおきます。弾は角度θで撃ち出しますから，x方向およびy方向の速度はそれぞれ$V\cos\theta, V\sin\theta$になります。

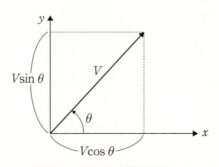

図2.8　撃ち出す時の速度

落下現象においては速度は時間に比例するということだったので，先ほどの考察から，時間t_0が経過して速度が$V\sin\theta$になったと考えると，比例定数をkとおけば

$$V \sin \theta = kt_0$$

という式が得られます。これより

$$t_0 = \frac{V \sin \theta}{k}$$

となります。一方 x 方向には等速 $V \cos \theta$ で進んでいくので，落ちるまでにかかる時間 $2t_0$ 経過後には

$$S = V \cos \theta \times 2t_0$$

という距離だけ進みます。これに上の t_0 を代入すると，落下地点までの距離 S が

$$S = V \cos \theta \times 2 \frac{V \sin \theta}{k}$$

$$= 2 \frac{V^2}{k} \cos \theta \sin \theta$$

$$= \frac{V^2}{k} \sin 2\theta$$

と求められました。比例定数 k や初速度 V がわからないときは，一度試し撃ちをしてみます。角度 θ_0 を決めて撃ち出し，落下地点までの距離 S_0 を測ります。このときも

$$S_0 = \frac{V^2}{k} \sin 2\theta_0$$

が成り立つので，これより

$$\frac{V^2}{k} = \frac{S_0}{\sin 2\theta_0}$$

が得られます。したがって角度 θ で撃ち出したときの到達距離 S は

$$S = \frac{S_0}{\sin 2\theta_0} \sin 2\theta = S_0 \frac{\sin 2\theta}{\sin 2\theta_0}$$

となります。S_0, θ_0 はわかっている値なので，敵陣までの距離を L とすれば，$S=L$ とすればよいので

$$\sin 2\theta = \frac{L}{S_0} \sin 2\theta_0$$

をみたす角度 θ で撃ち出せばよいことがわかります。

　このような考察は画期的なことです。それまで人類は身体感覚に基づいて行動してきました。キャッチボールをして球が少しそれたなら，次に投げるときは前に投げたときの感覚を思い出して，それを微修正して投げるでしょう。これは動物として人間に備わっている能力ですが，ガリレオ以降は，人類はこの身体感覚以外にもう1つの方法を手に入れたのです。それは計算によって事前に結果を知る，という方法です。それが可能になったのは，自然の法則が数式で記述されたためです。このことの重要性を強く意識したガリレオは，著作の中で

自然という書物は数学のことばで書かれている

と述べています。

　しかしその一方，このガリレオの認識はなかなか世の中に受け入れられませんでした。根強く抵抗したのはアリストテレス学派です。ガリレオは著作『新科学対話』『天文対話』などの中で，彼の提示した新しい考えに対してアリストテレス学派の人々から強硬な反論があり，それに対してどのように論破していったかということを綴っています。ガリレオは自ら実験し目にした事実に基づいて主張しているのですが，アリストテレス学派の人々は，「アリストテレスの著作のどこどこにはこのように書いてあり，これは○○という意味に理解されるので，ガリレオの主張は間違いである」という形の反論をします。現在の我々からは，アリストテレスの権威に寄りかかっているだけで反論の体をなしていないように思えますが，このような反論に対応していかなくてはならなかったガリレオの苦労が想像されます。

　ただしいつもガリレオの主張が正しくてアリストテレスの主張が間違っていたわけではありません。主張によっては，アリストテレスの方が正しいことを述べているものもあります。そのような主張はガリレオが直接実験して得た主張ではなくて，ほかの実験結果や自らの体験からの推論によって得たものでした。たとえば速く飛ぶ弾丸には空気の抵抗で火が生じる，というアリストテレスの主張に対し，ガリレオはそのようなことはあり得ないと主張します。人工衛星「はやぶさ」が大気圏に突入して燃え尽きたように，空気の抵抗は確かに火を生じます。しかしそのためにはものすごい速度が必要で，ガリレオの時代にはそのような速度での実験は不可能

でした。しかし一方アリストテレスがそのような速度で実験したわけでもありません。つまりどちらも，その主張に必要な事実を手に入れていたわけではなかったのです。

　ガリレオとアリストテレスの違いは，このように見てくると明らかです。ガリレオは定量的な事実に基づいて主張しているのに対し，アリストテレスは定性的な事実認識に基づいて主張しているのです。ガリレオが定性的な事実認識に基づいて主張している部分では誤りもありました。このことから，「自然の法則を知るためには定量的な事実に基づかなくてはならない」という考え方が得られます。これは現在の認識と同じで，我々は学校教育を通してこの考え方を身につけています。つまり我々はガリレオが獲得した認識をずっと採用し続けてきたのです。この認識は「ガリレオの自然哲学」と呼ばれ，様々な批判もあり，これを乗り越えて新しい哲学を作り上げようという試みもありますが，依然として最も強力で重要な自然哲学となっています。ガリレオの存在は，人類の歴史の転機であったのです。

　ガリレオはアリストテレス学派だけでなく，カトリック教会とも戦うことになりました。カトリック教会が天動説を採っていて，ガリレオはコペルニクスの地動説を主張したからです。ガリレオは宗教裁判にかけられて自宅に幽閉されることになり，そのままその生涯を終えました。その死から350年後の1992年，英明な教皇として慕われたローマ教皇ヨハネ・パウロ二世はガリレオ裁判の誤りを公式に認め，ガリレオに謝罪しました。

微分の発見

　ガリレオの亡くなった年に生まれたニュートン（1642〜1727）は，ガリレオの切り拓いた道を進み，ガリレオの志を完成させ，ついに現在でも基本的法則として揺るぎなく普遍的な役割を果たしている運動法則を見つけ出しました。これは人類のあり方を変えた，歴史上最大の革命的な出来事と言っても過言ではないと思います。もちろんこの偉業はニュートン一人のなせる業ではなく，ケプラー，ガリレオをはじめとする人々の偉大な仕事に基づいています。ではなぜガリレオはニュートンの運動法則を手に入れられなかったのか，ガリレオができなくてニュートンができた理由は何なのでしょうか。

　それは，ガリレオにはなくて，ニュートンにはあったものがあるからです。それが微分です。そこでこの節では微分とはどのような考え方か，それによってどのようなことが可能になったのか，ということを述べていきたいと思います。微分はニュートンと，ニュートンと同時代のドイツの数学者・哲学者であるライプニッツが，ほぼ同じ頃に独立に発見したものとされています。どちらが先に発見したかを巡って争いがありましたが，そのような争いには興味がないので，ここでは発見の物語ではなく微分そのものについて述べることにします。

　ガリレオのところで一度説明しましたが，あらためて速度（速さ）について考えてみましょう。小学校では

$$(はやさ) \times (じかん) = (きょり)$$

として速さを習います。これは時間が2倍になれば進む距離も2倍に，時間が3倍になれば進む距離も3倍になる，というように，時間と距離が比例している場合を考えていて，そのときの比例定数が速度であるという公式です。つまり速さが一定のときには速さを定義することができるのです。

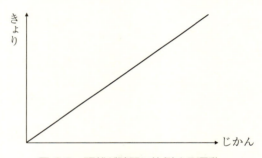

図 2.9　距離が時間に比例する運動

ところが，速さが一定でないような運動はごく普通にあります。車に乗っているときに，時速 40 km など一定の速度で動いている場合もありますが，加速したり減速したりしたときは速さが時々刻々と変化します（図 2.10）。そのように変化している最中の「ある瞬間の速さ」はどのように定義されるでしょうか。

時刻 t における速度を定義しようとして，小学校で習った通り，時刻 t までに進んだ距離を t で割る，という操作をしたとしましょう。こうすると，時刻 t までに速かったり遅かったりした影響が距離に反映しているため，t という瞬間の速度をつかまえることにはなりません。

2 微分の誕生

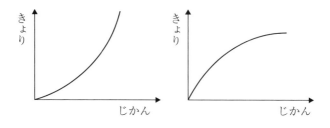

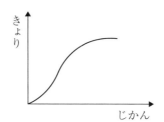

図 2.10　加速や減速する運動

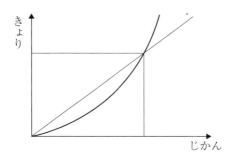

図 2.11　（はやさ）＝（きょり）÷（じかん）

t という瞬間以外の影響があるのがいけないというなら,

$$\frac{t という瞬間に進んだ距離}{t という瞬間に経過した時間}$$

としてはどうでしょうか。これなら t という瞬間以外の影響は完全に排除されます。ところがこうすると,瞬間というのは時間の経過がないということなので,その間に経過する距離も 0 となってこの値は

$$\frac{0}{0}$$

となってしまい,意味をなしません。この困難を乗り越えることができなかったため,ガリレオの時代までは速度を定義することができませんでした。

この困難を乗り越えたのが微分法です。時間の経過がないために分母が 0 になってしまったのだから,それを避けるため少しだけ時間を流しましょう。時刻 t から h だけ時間を流します。その間に進んだ距離は h によって変わるので,$u(h)$ とおきましょう。すると,t という瞬間の速度ではないけれど,その近似値として

$$\frac{u(h)}{h}$$

は割とよい値として使えそうですね。

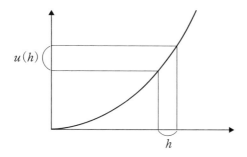

図 2.12　時間を少しだけ流す

　この近似をもっとよくしたければ，流す時間 h を短くすればよいのです。h' を h より短い時間にすれば，$u(h)/h$ より $u(h')/h'$ の方が，よりよい近似値になります。もし本当の t という瞬間の速度 v があるなら，h を小さくすればするほど，近似値 $u(h)/h$ はその本当の値 v に近づいていくでしょう。h の絶対値 $|h|$ をどんどん 0 に近づけたとき，$u(h)/h$ がある値 v にどんどん近づいていくことがもしわかったら，その値 v こそが求める速度でしょう。この状況を

$$\lim_{h \to 0} \frac{u(h)}{h} = v$$

と書き表します。h というのは 0 とは異なるけれど非常に小さな値であると想定されていて，それが 0 になったときに起こることに興味があります。したがってこれは，アルキメデスが考察に用いた「無限小」と同じものであると考えることもできます。

少し例で見てみましょう。たとえば，時刻 t までに進んだ距離が $x(t)=at^2$ で表されるような運動を考えてみます。ここで a は何らかの定数とします。(これは距離が時間の2乗に比例する運動なので，ガリレオが調べた落下運動と同じです。)すると時刻 t から h だけ時間が経って時刻 $t+h$ になるまでに進んだ距離は，

$$x(t+h)-x(t) = a(t+h)^2-at^2 = a(t^2+2th+h^2-t^2)$$
$$= 2ath+ah^2$$

となり，かかった時間 h で割れば

$$\frac{x(t+h)-x(t)}{h} = \frac{2ath+ah^2}{h} = 2at+ah$$

となります。$|h|$ をどんどん小さくすると ah は限りなく 0 に近づくので，右辺はどんどん $2at$ に近づいていきます。上の記号を用いると，

$$\lim_{h \to 0} \frac{x(t+h)-x(t)}{h} = \lim_{h \to 0}(2at+ah) = 2at$$

ということになります。したがってこの運動の時刻 t における速度は，$2at$ になると考えられます。このようにすると，分母が 0 になるという危険を冒すことなく，瞬間の速度を求めることができるのです。この手順を**微分**といいます。

　微分の考え方は，求めたい値を直接求めるのではなく，その近似値から間接的に求めるというところにポイントがあります。そのためにこの考え方がなかなか発見されなかったの

でしょう。

　微分の考え方を，図形的にとらえてみましょう。時刻 t までに進んだ距離を $x(t)$ で表した場合を考えます。横に t 軸，縦に x 軸を取ると，関数 $x(t)$ の挙動は tx 平面のグラフ $x=x(t)$ によって表されます。

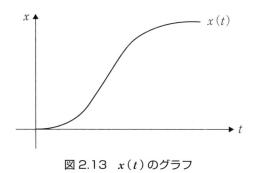

図 2.13　$x(t)$ のグラフ

　微分は（あるべき）速度の近似値

$$\frac{x(t+h)-x(t)}{h} = \xi(h)$$

を考えることから始めます。この値の図形的な意味を考えてみます。分母の h は，t 軸上の 2 点 $t, t+h$ の値の差です。一方分子の $x(t+h)-x(t)$ は，x 軸上の 2 点 $x(t), x(t+h)$ の値の差です。つまり tx 平面でいうと，tx 平面上の 2 点 $(t, x(t)), (t+h, x(t+h))$ を考えていて，この 2 点はいずれもグラフ $x=x(t)$ 上の点です。この 2 点の x 座標の値の差を t 座標の値の差で割ったものが $\xi(h)$ であるということになり

59

ます。(ξ：グザイ) 直線の傾きとは，tx 平面で言えば，t 方向に 1 進んだときに x 方向にどれだけ進んだか，という値のことです。したがって $\xi(h)$ は，グラフ上の 2 点 (t, x), $(t+h, x(t+h))$ を通る直線の傾きを表す量であることになります。

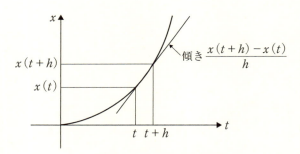

図 2.14　$\xi(h)$ の図形的意味

さてここで h をどんどん 0 に近づけると，グラフ上の点 $(t+h, x(t+h))$ はもう 1 点の $(t, x(t))$ にどんどん近づいていって，この 2 点を通る直線は徐々に傾きを変えていきます。そして h が 0 になった瞬間に，ある直線になります。この直線のことを，グラフの点 $(t, x(t))$ における**接線**と呼びます。つまり微分とは，グラフ $x = x(t)$ の接線の傾きを与える量である，ということになるのです。

> 微分 ＝ 接線の傾き

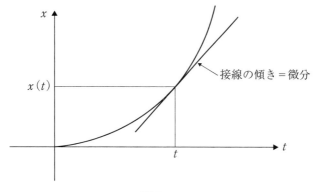

図2.15

　もう1つ別の見方をしてみます。微分を速度と思うと，速度が大きければ距離は大きく進むし，速度が小さければ距離の進み方は少なくなります。したがって速度は，距離の変化の度合いを表す量であると思うことができます。速度は微分でしたから，微分は距離の「変化」そのものを表す量である，ととらえられます。考えている関数が距離を表す関数の場合は，微分は速度で，したがって距離の変化を表していましたが，考える関数がほかの量を表している場合には，その関数の微分はその量の変化を表すことになります。つまり速度に限らず，微分は「変化を表す」ものなのです。

$$\boxed{微分 = 変化を表す量}$$

　ニュートンとライプニッツは微分を発見しましたが，その瞬間に，人類は初めて変化を定量的にとらえる方法を手に入れたのです。プラトンは算術・幾何学・天文学を重要な学問

として挙げました。算術と幾何学はそれぞれ数と図形を表す学問として、その対象はすでに定量化できていました。3番目の天文学は、運動を調べる学問という意味であることを説明しましたが、ここでやっと算術・幾何学に並んで定量化されることになったのです。

「変化」をつかまえる方法を手に入れたことは、実に重大な進歩でした。これによってニュートンは、距離の変化である速度の、さらにその変化を定量的につかまえることができ、そのためガリレオが到達できなかった万物の運動を支配する法則を発見することができたのです。速度の微分、すなわち速度の変化の割合を**加速度**といいます。ニュートンの運動法則は、この概念を使うと実に簡潔に述べられます。

$$(質量) \times (加速度) = (外力)$$

たったこれだけです。この簡単な式があらゆる運動を解き明かすのですから驚きです。

　ニュートンの運動法則について少しだけ説明しましょう。左辺にある「質量」とは、運動している物体の重さです。右辺の「外力」はその物体に働いている力です。つまりある物体に力が働くと、その物体に加速度が発生し、その加速度の大きさは物体が重いほど小さく、軽いほど大きくなります。加速度が発生するということは速度が変化するということです。つまり力は、速度を変化させる働きをするのです。

　さて位置を表す関数を微分すると速度が得られ、加速度はその速度を微分したものでしたから、位置を表す関数を2回微分したものになります。したがってニュートンの運動法則

は，位置を表す関数についての2階微分方程式になります。（微分を含む方程式を「微分方程式」といいます。）この微分方程式を解いて位置を表す関数を求めれば，運動がとらえられたことになるのです。外力が何なのかは，考える運動ごとに異なります。ケプラーが調べた惑星の運動やガリレオの調べた落下現象では，外力は万有引力になります。（万有引力の法則もニュートンが見つけました。）こうしてケプラーの法則は，運動法則と万有引力の法則からの帰結となりました。ケプラーの本はやっと真の読者を得たのでした。

微分についてもう少し

微分の考え方とその実現の仕方を説明してきました。いろいろな現象がいろいろな関数で表され，そういった関数を調べるときには微分が活躍します。そこでいろいろな関数の微分をどうやって計算するか，ということについて少しだけ述べておこうと思います。いくつか公式を与えます。なぜそれが成り立つかわからないと気持ちが悪いという方のために証明（説明）も記しますが，面倒であれば四角で囲まれた公式が成り立つのだな，と思って読み流して頂いて結構です。

以下では x を変数として採用します。関数 $f(x)$ の微分は

$$f'(x) = \lim_{h \to 0} \frac{f(x+h) - f(x)}{h}$$

で与えられます。左辺のように f にプライム（′）を付けて微分を表します。

まず微分と四則演算の関係を述べましょう。

(D1) $$\boxed{(f(x)+g(x))' = f'(x)+g'(x)}$$

これの証明は定義からすぐわかります。左辺は

$$\frac{(f(x+h)+g(x+h))-(f(x)+g(x))}{h}$$

の $h \to 0$ における極限ですが,これの分子を

$$(f(x+h)-f(x))+(g(x+h)-g(x))$$

と書き換えれば極限が(D1)の右辺になることがわかります。

(D2) $$\boxed{(cf(x))' = cf'(x)}$$ (c は定数)

これも微分の定義からすぐわかるので,証明は省きます。

(D3) $$\boxed{(f(x)g(x))' = f'(x)g(x)+f(x)g'(x)}$$

この公式は積の微分法,あるいはライプニッツ・ルールと呼ばれます。証明してみましょう。

$(f(x)g(x))'$

$$= \lim_{h \to 0} \frac{f(x+h)g(x+h)-f(x)g(x)}{h}$$

$$= \lim_{h \to 0} \frac{f(x+h)g(x+h)-f(x)g(x+h)+f(x)g(x+h)-f(x)g(x)}{h}$$

$$= \lim_{h \to 0} \left(\frac{f(x+h)-f(x)}{h} \cdot g(x+h) + f(x) \cdot \frac{g(x+h)-g(x)}{h} \right)$$

ここで $h \to 0$ のとき,

$$\frac{f(x+h)-f(x)}{h} \to f'(x)$$

$$g(x+h) \to g(x)$$

$$\frac{g(x+h)-g(x)}{h} \to g'(x)$$

となりますから,これらを合わせて (D3) の公式が得られます.途中で $f(x)g(x+h)$ という補助的な項を登場させたところがアイデアですね.

(D4) $$\boxed{\left(\frac{f(x)}{g(x)}\right)' = \frac{f'(x)g(x)-f(x)g'(x)}{g(x)^2}}$$

これは商の微分法と呼ばれます.$\frac{f(x)}{g(x)}=h(x)$ とおいて,積の微分法 (D3) に帰着させて証明することができます.$f(x)=h(x)g(x)$ となりますから,(D3) を使うと

$$f'(x) = h'(x)g(x)+h(x)g'(x)$$

が得られ,これを $h'(x)$ について解いて

$$h'(x) = \frac{f'(x)-h(x)g'(x)}{g(x)} = \frac{f'(x)-\frac{f(x)}{g(x)}g'(x)}{g(x)}$$

$$= \frac{f'(x)g(x)-f(x)g'(x)}{g(x)^2}$$

が得られます.

次に基本的な関数の微分を与えておきます.

$$\boxed{(x^n)' = nx^{n-1}} \quad (n \text{ は整数})$$

まず $n>0$ の場合を証明します。

$$(x^n)' = \lim_{h \to 0} \frac{(x+h)^n - x^n}{h}$$

であることに注意します。$(x+h)^n$ を展開しましょう。$(x+h)^n$ は $(x+h)$ の n 個の積ですから，展開するときは１つのカッコから x もしくは h を選び，選ばれた n 個の積を作って足し合わせます。すべてのカッコから x を選ぶと x^n が得られ，１つのカッコから h を，残りのカッコから x を選ぶと hx^{n-1} が得られ，そしてこの選び方は n 通りあります。それ以外の選び方では，必ず h が２つ以上のカッコから選ばれるので，積には h^2 が含まれることになります。つまり

$$(x+h)^n = x^n + nhx^{n-1} + h^2 g(x,h)$$

という形になることがわかるので，

$$\frac{(x+h)^n - x^n}{h} = \frac{(x^n + nhx^{n-1} + h^2 g(x,h)) - x^n}{h}$$

$$= nx^{n-1} + hg(x,h)$$

となって，$h \to 0$ では nx^{n-1} となることがわかります。$n=0$ のときは明らかに成り立ちます（微分は０になります）。$n<0$ のときは商の微分法を使うと結果が得られます。

x^n の微分がわかったので，微分と四則演算の関係 (D1)，(D2) を使うと多項式の微分が求められるようになります。たとえば $f(x) = 2x^3 + 4x^2 - 5x + 3$ という多項式を微分したければ，

$$\begin{aligned}(2x^3+4x^2-5x+3)' &= (2x^3)'+(4x^2)'-(5x)'+(3)' \\ &= 2(x^3)'+4(x^2)'-5(x)'+3(1)' \\ &= 2\cdot 3x^2+4\cdot 2x-5\cdot 1+3\cdot 0 \\ &= 6x^2+8x-5\end{aligned}$$

というふうに計算できます。(D1),(D2) を使う様子が見やすいように丁寧に書きましたが，慣れれば途中の = はすべて飛ばしていきなり結果を書き下ろすことができるようになります。

次に指数関数の微分を考えます。$a>0$ として a を底とする指数関数 a^x の微分を考えましょう。

$$(a^x)' = \lim_{h\to 0}\frac{a^{x+h}-a^x}{h} = \lim_{h\to 0}\frac{a^x a^h-a^x}{h} = \lim_{h\to 0}\frac{a^x(a^h-1)}{h}$$
$$= a^x \lim_{h\to 0}\frac{a^h-1}{h}$$

と書けます。指数関数の加法定理 $a^{x+y}=a^x a^y$ を使いました。さて証明は大変なのでしませんが，右辺の極限が存在することがわかります。その極限は a によっているので，$\ell(a)$ と書くことにしましょう。すなわち

$$\lim_{h\to 0}\frac{a^h-1}{h} = \ell(a)$$

とおきます。これより

$$(a^x)' = \ell(a)a^x$$

が得られました。ここで $\ell(a)$ について少し調べてみます。

まず $a \neq 1$ であれば，a^x は定数ではないので微分が 0 になることはなく，したがって $a \neq 1$ のとき $\ell(a) \neq 0$ です。次に $\ell(a^b)$ を計算しましょう。

$$\ell(a^b) = \lim_{h \to 0} \frac{(a^b)^h - 1}{h}$$

$$= \lim_{h \to 0} \frac{a^{bh} - 1}{h}$$

$$= \lim_{h \to 0} \frac{a^{bh} - 1}{bh} \cdot b$$

$$= \ell(a) b$$

となることがわかります。$a \neq 1$ なら $\ell(a) \neq 0$ で，また $\ell(a^b) = b\ell(a)$ となるのですから，これは b を動かすことであらゆる実数値を取ります。特に $\ell(c) = 1$ となるような c がただ 1 つだけ存在することがわかります。そのような c を e とおきます。この e を底とする指数関数 e^x を考えれば，$\ell(e) = 1$ となることから

$$\boxed{(e^x)' = e^x}$$

が成り立つことがわかります。なお e は難しい数で，

$$e = 2.71828182845\cdots$$

という無限小数になることが知られています。

対数関数についても，底としてこの e を取ったものを考えます。その場合には底を省略して，

$$\log_e x = \log x$$

のように書きます。これの微分は,指数関数 e^x の逆関数であるということを使って求められます。逆関数であるというのは,

$$\log x = y \Leftrightarrow e^y = x$$

ということです。

$$(\log x)' = \lim_{h \to 0} \frac{\log(x+h) - \log x}{h}$$

ですが,ここで

$$\log(x+h) = z, \ \log x = y$$

とおきましょう。すると定義によって

$$e^z = x+h, \ e^y = x$$

となります。この2式から $h = e^z - e^y$ が得られます。さて $h \to 0$ のとき $z \to y$ となることに注意すると,

$$\lim_{h \to 0} \frac{\log(x+h) - \log x}{h} = \lim_{z \to y} \frac{z-y}{e^z - e^y}$$
$$= \lim_{z \to y} \left(\frac{e^z - e^y}{z-y} \right)^{-1}$$
$$= \frac{1}{(e^y)'}$$

$$= \frac{1}{e^y}$$

$$= \frac{1}{x}$$

となりますので,

$$(\log x)' = \frac{1}{x}$$

が得られました。

　三角関数の微分については，説明が長くなるので結果だけを紹介することにします。三角関数 $\sin x, \cos x$ においては，変数 x はラジアンで測られているとします。このとき

$$(\sin x)' = \cos x, \ (\cos x)' = -\sin x$$

が成り立ちます。なお $\tan x$ の微分は，$\tan x = \dfrac{\sin x}{\cos x}$ ですので，いまの公式と商の微分法を使うと求めることができます。

3 微分は積分も可能にした

　ギリシア数学から始めて微分の発見までたどり着きました。微分が発見されたことによって，ここから本格的な解析学が始まります。ニュートン以降の解析学の展開については次の章から述べることにして，ここでは積分についてお話ししておこうと思います。

　アルキメデスは円や球などに関係する面積・体積をいろいろ求めました。彼が用いた方法は，図形（立体）を非常に小さなパーツに分解して，そのパーツの面積（体積）を足し合わせるというものでした。その方法を積分と呼びましょう。彼の積分の計算・論理は非常に緻密でアイデアにあふれ，天才アルキメデスだからこそ可能であったものと言えます。ところが 2000 年ほど経って微分が発見されると，積分はものすごく簡単になり，もはやアルキメデスの天才を必要としなくなったのです。その仕組みを見ていきましょう。

　円や放物線など，曲線で囲まれた図形の面積をどうやって求めるか，という問題として考えます。アルキメデスの方法は，その図形を小さなパーツに分解し，その小さな各パーツが長方形とか三角形のような面積の計算できる図形とほぼ同

じ形になるようにすれば，面積の近似値が得られることになり，各パーツをどんどん小さくしていくことで近似の精度をどんどん上げていって真の値を求めるのでした。

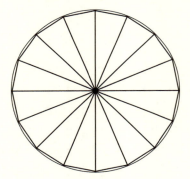

図 3.1　アルキメデスの方法

この考え方を，どのような曲線にでも適用できる形に定式化します。まず曲線としては，関数のグラフを使います。区間 $a \leq x \leq b$ で定義された関数 $f(x)$ を考え，その区間で $f(x) \geq 0$ となっているとします。(この仮定は後で不要になります。) するとグラフ $y = f(x)$ と，2本の垂直線 $x = a, x = b$ および水平線である x 軸で囲まれた図形 P ができます。この図形の面積 S を求めたいと思います。

この図形 P を小さなパーツに分けるため，まず区間 $a \leq x \leq b$ を小さな区間の集まりに分割します。つまり

$$a = x_0 < x_1 < x_2 < \cdots < x_n = b$$

となるような $x_0, x_1, \cdots, x_n$ を取って，小区間 $x_{i-1} \leq x \leq x_i$ を各 i について考えます。そして各小区間について，その小区間

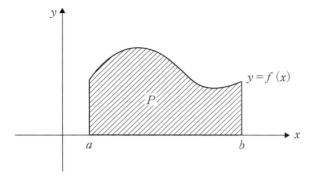

図 3.2

を底辺とする 2 つの長方形を考えます。1 つは,高さが,その小区間における $f(x)$ の最小値となっているもの,もう 1 つは,高さがその小区間における $f(x)$ の最大値となっているものです。

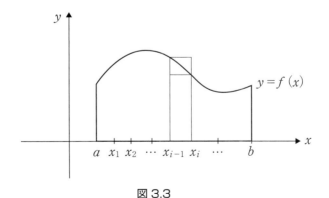

図 3.3

第1の長方形を各小区間についてすべて集めると，元の図形に含まれる棒グラフ状の図形 P_1 ができます。また第2の長方形をすべて集めると，元の図形を含む棒グラフ状の図形 P_2 ができます。

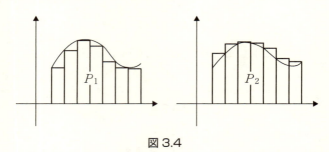

図 3.4

P_1, P_2 はともに長方形の集まりでしたから，その面積 S_1, S_2 を計算することができます。そして求めたい図形の面積 S は，2つの面積 S_1, S_2 の間にあります。さてここですべての小区間の幅をどんどん狭くしていくと，P_1, P_2 は両方とも P に近づいていくので，S_1, S_2 は S を下と上からはさむ形でどんどん S に近づいていくでしょう。

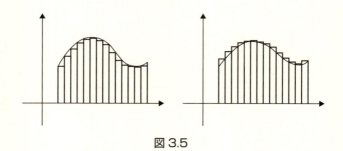

図 3.5

S_1, S_2 が極限として S に収束するということを認めましょう。つまり求めたい面積 S は，S_1 と S_2 の共通の極限である，ということで定式化できたと考えます。このように定式化された S を，$f(x)$ の区間 $a \leq x \leq b$ 上の**積分**と呼び，

$$S = \int_a^b f(x)dx$$

という記号で表します。この記号は，$f(x)$ を高さとする無限小の幅 dx を持つ長方形の面積（$=f(x)dx$）を，a から b にわたって足しなさい，ということを表しています。左側にある $\int$ という記号は「インテグラル」と呼ばれますが，和を取るという操作を表していて，和（sum）の頭文字 S を上下に引き伸ばして作ったものです。

以上のプロセスでは，小区間 $x_{i-1} \leq x \leq x_i$ を底辺とする 2 つの長方形を考えてその面積の和をそれぞれ取りましたが，そのほかに次のような長方形を考えることもできます。小区間の中にどこでもいいから 1 点 p_i を取ります。つまり $x_{i-1} \leq p_i \leq x_i$ とします。このとき $f(p_i)$ を高さとする長方形を考えることができます。$f(p_i)$ はこの小区間における $f(x)$ の最大値と最小値の間にありますから，いま作った長方形の面積は先に作った 2 つの長方形の面積の間の値になります。この第 3 の長方形を各小区間に対して作って，その面積の和を求めますと

$$S' = \sum_{i=1}^{n} f(p_i)(x_i - x_{i-1})$$

となります。これを，この積分の定式化を考案したリーマンにちなんでリーマン和と呼びます。各小区間ごとに長方形の

面積の大小関係があったので,明らかに

$$S_1 \leqq S' \leqq S_2$$

が成り立ちます。そして S_1, S_2 はともに S に収束するということなので,S' も S に収束することがわかります。したがって積分は S' の極限と考えることもできます。

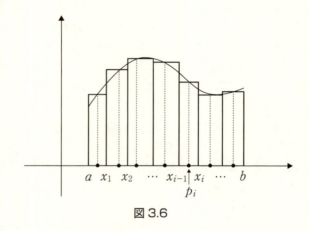

図 3.6

さてこれで積分が定式化できましたが,この積分をどうやって計算すればよいか,ということについては何も述べていません。そこでいよいよ微分が登場します。その前に,この積分の定式化から簡単にわかる次の事実に注意しておきましょう。関数が連続というのは,そのグラフが途切れなくつながっていることです。

定理 3.1 (積分に関する平均値の定理)関数 $f(x)$ が区間

$a \leqq x \leqq b$ で連続とするとき,

$$\int_a^b f(x)dx = (b-a)f(c)$$

となるような c が $a<c<b$ の範囲に少なくとも 1 つ存在する。

証明 区間 $a \leqq x \leqq b$ を底辺とする高さ H の長方形を考えます。H が小さくて上辺 $y=H$ がグラフ $y=f(x)$ より下側にあるときには、長方形の面積は明らかに S より小さいので

$$S > (b-a)H$$

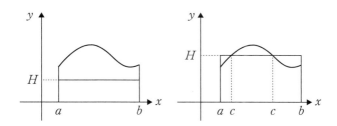

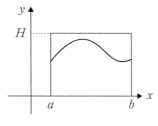

図 3.7

です。また H がだんだん大きくなって、上辺 $y=H$ がグラフ $y=f(x)$ より上にきたときには、

$$S < (b-a)H$$

となりますね。

長方形の面積 $(b-a)H$ は H を 0 からだんだん大きくしていくと、はじめは S より小さく、後では S より大きくなりましたから、途中にちょうど S と一致する瞬間があります。つまり

$$S = (b-a)H$$

となる H があります。このときもちろん長方形の上辺 $y=H$ はグラフ $y=f(x)$ と交わっています。その交点（の1つ）を $(c, f(c))$ とすると、$H=f(c)$ となります。これが示したいことでした。□

この定理を用いて、微分と積分を関係づけることができます。積分する区間の右端 b を動かすと積分の値は変わりますから、積分は右端 b を変数とする関数と見ることができます。b を変数らしく x と書くことにしましょう。すると積分の中にある $f(x)dx$ の x と紛らわしくなるので、こちらを $f(t)dt$ と書き換えます（$f(x)dx$ の x には象徴的な意味しかないので、違う文字を使っても構いません）。こうして、積分を用いた関数

$$F(x) = \int_a^x f(t)dt$$

3 微分は積分も可能にした

が手に入りました。

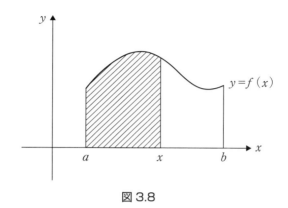

図 3.8

この関数 $F(x)$ と積分の中にある関数 $f(x)$ との間には，次の関係が成り立ちます。

定理 3.2（微分積分学の基本定理）

$$F'(x) = f(x)$$

証明 $F(x)$ の微分を計算しましょう。微分の定義によると

$$F'(x) = \lim_{h \to 0} \frac{F(x+h) - F(x)}{h}$$

でした。極限を取る前の量を計算します。

$$\frac{F(x+h) - F(x)}{h} = \frac{1}{h}\left(\int_a^{x+h} f(t)dt - \int_a^x f(t)dt\right)$$

$$\underset{(*1)}{=} \frac{1}{h}\int_x^{x+h} f(t)dt$$

$$\underset{(*2)}{=} \frac{1}{h}((x+h)-x)f(c)$$

$$= f(c)$$

この計算で，(*1) は次の図 3.9 からわかると思います。

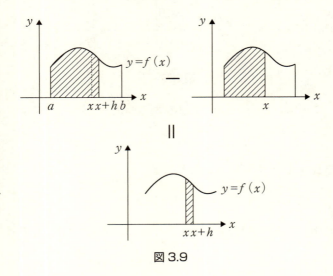

図 3.9

(*2) は，積分に関する平均値の定理（定理 3.1）を使いました。定理では積分の両端が a と b になっていましたが，これを x と $x+h$ に取り替えて使いました。したがって $f(c)$ の中に現れた c は，x と $x+h$ の間にある値ということになります。

さてここで $h \to 0$ という極限を考えると，$x < c < x+h$ という状態でしたので，必然的に $c \to x$ となります．以上により

$$\lim_{h \to 0} \frac{F(x+h) - F(x)}{h} = f(x)$$

が得られ，定理が証明できました．□

この定理はその名が示すように，微分と積分が2000年の時を越えて結びついた歴史的な出来事です．微分と積分の結びつき方についてはこの後詳しく説明しますが，その前に，この定理を使うとどうして積分が計算できるのか，ということを述べましょう．

定理 3.3 $G(x)$ を $G'(x) = f(x)$ となる関数とすると，

$$\int_a^b f(x)dx = G(b) - G(a)$$

証明 微分積分学の基本定理に現れた関数 $F(x)$ も $F'(x) = f(x)$ をみたすので，

$$F'(x) = G'(x)$$

ということになります．これより $(F(x) - G(x))' = 0$ となり，微分して0になるのは定数ですから（このことは後述の平均値の定理を使って証明できます），$F(x) - G(x)$ は定数であることがわかります．ところで $x = a$ のとき $F(x)$ は0になります．（積分する区間がつぶれてしまっているから．）よって

$$F(x)-G(x) \underset{(*)}{=} F(a)-G(a) = -G(a)$$

が得られます。（*）は $F(x)-G(x)$ が定数であることを使いました。これより

$$F(x) = G(x)-G(a)$$

となります。求めたい積分は

$$\int_a^b f(t)dt = F(b)$$

でしたから，

$$F(b) = G(b)-G(a)$$

となって，定理が示されました。□

定理の式の右辺は，

$$G(b)-G(a) = [G(x)]_a^b$$

という記号でしばしば表されます。1つ例を見てみましょう。

例 3.1 $f(x)=x^2$ として $\int_0^a x^2\,dx\ (a>0)$ を求めましょう。このグラフは放物線（曲線）なので，面積を初等的に求めることはできません。しかし $\left(\dfrac{x^3}{3}\right)'=x^2$ であることに気付くと，

$$\int_0^a x^2\,dx = \left[\dfrac{x^3}{3}\right]_0^a = \dfrac{a^3}{3}$$

となって面積が求められました。

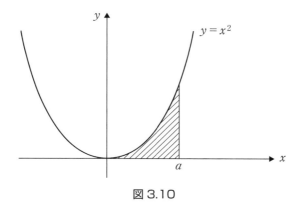

図3.10

 この例で求めた結果は，アルキメデスが巧妙な議論を積み重ねた末に求めています。しかし微分の力を借りると，微分積分を学んだ日本中のすべての高校生が難なくこの積分を求められるのです。微分の威力がいかにすごいものであるかがわかると思います。

微分と積分の関係

 足し算と引き算，そして掛け算と割り算は，それぞれ互いに逆演算になっています。足し算・引き算でいうと，引き算には足し算の効果を打ち消す働きがあり，足し算には引き算の効果を打ち消す働きがあるということで，式で表すと

$$(x+a)-a = x$$
$$(y-a)+a = y$$

となります。すなわち x や y は足し算・引き算を続けて行う

ことで元に戻ります。掛け算・割り算についても同様で，

$$(x \times a) \div a = x$$
$$(y \div a) \times a = y$$

となっていますね。

　ところで足し算と引き算，掛け算と割り算というグループ分けとは別に，足し算と掛け算，そして引き算と割り算がグループを作っているように思えます。これは素朴には，学校で先に習うグループ（足し算，掛け算）と，その後で習うグループ（引き算，割り算），という分け方のように思えますが，もっと深い意味があります。自然数の全体 $1, 2, 3, \cdots$ を考えてみます。第1のグループ足し算・掛け算は，$2+3=5$, $2\times 3=6$ のように，自然数を相手にしている限り自然数の範囲からはみ出すことはありません。ところが引き算では $2-3=-1$, 割り算では $2\div 3=\dfrac{2}{3}$ というように，自然数を相手にしていてもその結果は負の数，分数になることがあって，自然数の範囲をはみ出してしまいます。少し大げさに言えば，足し算・掛け算は自然数という安定した世界に留まる操作であるのに対し，引き算・割り算は自然数からスタートして（負の数，分数といった）新しい数を作り出す働きがあるのです。

　このような四則演算（足し算・引き算・掛け算・割り算）の見方に倣って，微分と積分の関係を眺めてみましょう。
　微分と積分の関係を表す定理を2つ（定理3.2と3.3）証明してきました。これらの結果は，微分と積分がちょうど足

3 微分は積分も可能にした

し算と引き算のように互いに逆演算になっていることを表しているように思えます。まず微分積分学の基本定理（定理3.2）を見てみましょう。この結論の式を

$$\left(\int_a^x f(t)dt\right)' = f(x)$$

と書いてみると，これは $f(x)$ を積分してから微分すると元に戻る，ということを表していることがわかります。次に定理3.3を見てみましょう。この定理は積分の計算の仕方を与えていると思えますが，$G(x)$ の方を主語にして見てみると，

$$\int_a^b G'(x)dx = G(b) - G(a)$$

と書くことができます。ここで端点 b を x に変え，$G(x)$ の代わりに $f(x)$ を使うと，

$$\int_a^x f'(t)dt = f(x) - f(a)$$

という式が得られます。この式は，$f(x)$ を微分してから積分すると元に戻る（$-f(a)$ という余分なおまけは付きますが）ということを表しています。したがってこれら2つの定理は，微分と積分が，足し算と引き算のように互いに逆演算になっていることを示しているのでした。

ところで微分と積分では，どちらが足し算でどちらが引き算に相当するでしょうか？　つまり足し算グループに属するのはどちらで，引き算グループに属するのはどちらでしょうか？　高校数学では，微分を学んだ後に積分を学びます。そのせいだけではないでしょうが，微分と積分の両方を知っている人には，微分の方が易しく積分の方が難しいというイメ

ージがあるように思えます。実際、積分 $\int_a^b f(x)dx$ を求めるには、微分して $f(x)$ となるような関数 $G(x)$ を見つけるステップが必要で、これが実は大変やっかいなところです。(このステップについては万能の方法はありません。原理的には、この関数を微分したらこうなった、という知識に基づくしかないのです。)

というわけで、学校で習う順番からいっても、易しさ難しさからいっても、微分の方が足し算グループのメンバーのように思えるかもしれません。しかし操作の意味を考えると、積分の方は足し算的で、微分の方が引き算的です。積分というのは、縦×横という掛け算で求めた微小な長方形の面積を足し合わせる（その後極限を取る）という操作でした。一方微分は、引き算と割り算

$$\frac{f(x+h)-f(x)}{h}$$

を行ってその後極限を取る、という操作なのでした。このように操作の実態からすると、積分の方が足し算グループのメンバーになります。したがって実は、積分の方が微分より易しいのです。解析学では、「難しい」微分を「易しい」積分で置き換えて研究するのがスタンダードな手法となっています。

では実際になぜ積分の方が易しいのかというと、微分は関数をとげとげしいものにする働きがあるのに対して、積分は関数をなめらかにする働きがあるからです。例えば $f(x)=|x|$ という関数を考えてみましょう。この関数のグラフは

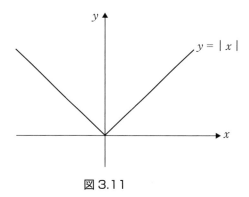

図 3.11

となります。この関数を 0 を端点にして積分してみましょう。つまり

$$F(x) = \int_0^x |t|\, dt$$

を求めましょう。($x<0$ のときは積分範囲が 0 から x までという右から左に向かう区間になってしまいますが，気にせずに計算できます。次の節でこのような場合の意味づけを行います。）$x \leq 0$ のときは $x \leq t \leq 0$ について $|t|=-t$ となるので，

$$F(x) = \int_0^x (-t)dt = \left[-\frac{t^2}{2}\right]_0^x = -\frac{x^2}{2}$$

が得られます。一方 $x \geq 0$ とすると，$0 \leq t \leq x$ については $|t|=t$ なので，

$$F(x) = \int_0^x |t|\, dt$$

$$= \int_0^x t\, dt$$

$$= \left[\frac{t^2}{2}\right]_0^x$$

$$= \frac{x^2}{2}$$

が得られます。これらをまとめると

$$F(x) = \begin{cases} -\dfrac{x^2}{2} & (x \leq 0) \\ \dfrac{x^2}{2} & (x \geq 0) \end{cases}$$

となって，$x \leq 0, x \geq 0$ で場合分けした書き方が必要にはなりますが，グラフを描いてみると，とがったところのないなめらかな曲線になっていることがわかります。

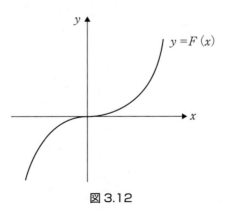

図 3.12

$x = 0$ でとがったグラフを持っていた関数 $f(x)$ は，積分

することによって $x=0$ のところでもなめらかな関数になりました。逆に言えば、なめらかだった関数 $F(x)$ を微分すると、とがったグラフを持つ関数 $f(x)$ になってしまいます。

ちなみに $f(x)$ をさらに微分するとどうなるでしょうか。$f(x)$ のグラフは $x=0$ でとがっているため接線が引けず、$x=0$ では微分できません。しかしそれ以外のところでは微分できて、$x<0$ だと $f(x)=-x$ ですから微分して $f'(x)=-1$、$x>0$ だと $f(x)=x$ ですから微分して $f'(x)=1$ となります。よって

$$f'(x) = \begin{cases} -1 & (x<0) \\ 1 & (x>0) \end{cases}$$

という、もはや連続ですらない（グラフがつながっていない）関数になってしまいました。

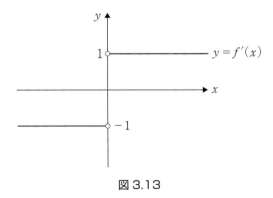

図 3.13

最後に、また四則演算との比較をしてみたいと思います。

難しい方の引き算・割り算グループは,一方で新しい数(負の数,分数)を作り出す働きを持っていました。では微分と積分ではどうなっているでしょう。いまも例で見たように,微分には関数をどんどんとげとげしい,ぶつぶつのものにする働きがあります。だから微分を行うことでとげとげしい関数は手に入りますが,これはあまり役には立ちません。

一方積分には,役に立つ新しい関数を作る力があります。というのは,積分するということは,微分した結果その関数になるような関数を見つけるという操作です。そんな関数がうまく見つかれば積分は計算できますが,いつもうまくいくとは限りません。うまくいかないときは,積分が新しい(いままで我々の把握していない)関数を作ったということになります。

初等関数という関数のグループがあります。多項式,指数関数,対数関数,三角関数や,これらを組み合わせて作った関数たちのグループです。初等関数を微分しても,初等関数の範囲に留まります。たとえば

$$(e^x)' = e^x, \ (\log x)' = \frac{1}{x}, \ (\sin x)' = \cos x$$

などとなっていて,微分することで初等関数ではない関数は得られません。一方初等関数を積分すると,すぐに初等関数ではないものが得られます。よく知られているのは

$$f(x) = \int_0^x e^{t^2} dt$$

という関数で,e^{x^2} という初等関数の積分ですが,$f(x)$ 自体

は初等関数にはならないことが証明されています。このように，積分は足し算・掛け算グループに属しながら，一方では新しく世界を広げる力を持っている操作であることがわかりました。

積分についてもう少し

積分は解析学における最重要のツールです。本書の後半では積分がいろいろな場面で使われ，大活躍します。そこで用いられる積分の諸性質を，まとめて紹介しておきたいと思います。

区間 $a \leq x \leq b$ で定義された関数 $f(x)$ に対して積分

$$\int_a^b f(x)dx$$

を考えることができました。その定義を見ると，$a < c < b$ となる c について，

(A1) $$\int_a^c f(x)dx + \int_c^b f(x)dx = \int_a^b f(x)dx$$

が成り立つことがわかります。また積分の定義では下端の点 (a) より上端の点 (b) の方が大きいことになっていますが，これを逆にした場合には

(A2) $$\int_b^a f(x)dx = -\int_a^b f(x)dx$$

と定義することにします。また下端の点と上端の点が同じ場合には，

(A3)
$$\int_a^a f(x)dx = 0$$

と定めます。こうすることで (A1) は a, b, c の大小関係にかかわらずいつでも成立するようになります。以上の (A1), (A2), (A3) は，積分の区間に対する振る舞い（専門用語では加法性と言います）を表すもので，基本的な性質です。

区間 $a \leq x \leq b$ において $f(x) \leq g(x)$ が常に成り立っているとしましょう。すると積分の定義から，

$$\int_a^b f(x)dx \leq \int_a^b g(x)dx$$

が成り立つことが直ちにわかります。特に $f(x) \leq |f(x)|$ が成り立つことから，$g(x) = |f(x)|$ として

$$\int_a^b f(x)dx \leq \int_a^b |f(x)|dx$$

が得られます。また $-f(x) \leq |f(x)|$ も成り立つので，同様にして

$$-\int_a^b f(x)dx \leq \int_a^b |f(x)|dx$$

も得られます。一般に実数 A について，$|A|$ というのは A と $-A$ のいずれかです。したがって $A \leq B$ と $-A \leq B$ の両方が成り立つとすると，$|A| \leq B$ が得られることになります。よって上記の 2 つの不等式から，

$$\left|\int_a^b f(x)dx\right| \leq \int_a^b |f(x)|dx$$

という公式が得られます。積分においては，絶対値を中に入れた方が大きくなる，ということです。これも積分の基本的な性質で，積分を用いた解析でよく使われます。

次に，微分のところで紹介した積の微分法の公式を思い出しましょう。

$$(f(x)g(x))' = f'(x)g(x) + f(x)g'(x)$$

というものでした。この両辺を a から b まで積分します。左辺の積分は，定理3.3によって

$$\int_a^b (f(x)g(x))' \, dx = [f(x)g(x)]_a^b$$

となりますから，（左辺と右辺を入れ替えて）

$$\int_a^b f'(x)g(x)dx + \int_a^b f(x)g'(x)dx = [f(x)g(x)]_a^b$$

が得られます。ここで左辺の第2項を右辺に移項すると，

(IP) $$\int_a^b f'(x)g(x)dx = [f(x)g(x)]_a^b - \int_a^b f(x)g'(x)dx$$

となります。この公式を部分積分といいます。

部分積分は積分を具体的に求めるための技法としても使われます。1つ例を見てみましょう。

$$\int_0^{\frac{\pi}{2}} x \sin x \, dx$$

を計算したいと思います。$G'(x) = x \sin x$ となる $G(x)$ が見つかれば積分は $[G(x)]_a^b = G(b) - G(a)$ により求められますが，そのような $G(x)$ はすぐには見えてきません。そこで x

を $g(x)$, $\sin x$ を $f'(x)$ と見て部分積分の公式 (IP) を使ってみます。$f'(x)=\sin x$ となるためには $f(x)=-\cos x$ と取ればよいので,

$$\int_0^{\frac{\pi}{2}} x \sin x \, dx = [x(-\cos x)]_0^{\frac{\pi}{2}} - \int_0^{\frac{\pi}{2}} (x)'(-\cos x) dx$$

$$= -\frac{\pi}{2} \cos \frac{\pi}{2} + 0 \cdot \cos 0 + \int_0^{\frac{\pi}{2}} \cos x \, dx$$

$$= \int_0^{\frac{\pi}{2}} \cos x \, dx$$

$$= [\sin x]_0^{\frac{\pi}{2}}$$

$$= \sin \frac{\pi}{2} - \sin 0$$

$$= 1$$

となって積分が求められました。この計算の詳細を理解する必要はありませんが, $G'(x)=x \sin x$ となる $G(x)$ がすぐには求められなくても積分が計算できるのだ, ということに注目して下さい。

しかし部分積分をここで紹介したのは, 積分の計算技法として有用だからではありません。部分積分は, $f(x)$ の微分を $g(x)$ に押しつけるという形をした公式で, そのため本書の後半で紹介する超関数の理論を始め, 解析学における議論で鍵となる重要な働きをするのです。

最後に無限区間上の積分の定義を与えておきます。$f(x)$ が $x \geq a$ で定義されているときには,

$$\int_a^\infty f(x)dx$$

を考えることができます。積分は有限の区間に対してしか定義されていなかったので、この積分は有限区間の積分を介して次のように定義します。

$$\int_a^\infty f(x)dx = \lim_{b\to\infty}\int_a^b f(x)dx$$

この極限は存在するとは限りませんが、存在するときに定義となります。$-\infty$ の方向についても考えますと、同様にして

$$\int_{-\infty}^b f(x)dx = \lim_{a\to -\infty}\int_a^b f(x)dx$$

という定義が得られますし、両方向の無限大についても

$$\int_{-\infty}^\infty f(x)dx = \lim_{\substack{a\to -\infty \\ b\to\infty}}\int_a^b f(x)dx$$

という定義が得られます。

4 ニュートン以降，フーリエまで

平均値の定理

ニュートン以降の解析学について述べるには，微分は欠かすことができません。本書では数学上の議論にはあまり深入りしないつもりですが，どうしても微分を使う場面を省くわけにはいきません。そこで微分を使うときに最も活躍する「平均値の定理」という名の定理を紹介し，平均値の定理さえ認めれば筋が読み取れる，という形に話を組み立てようと思います。

まず，あらためて微分の定義を思い出しておきましょう。関数 $f(x)$ に対して，

$$\frac{f(x+h)-f(x)}{h}$$

の値が h を 0 に近づけたときある有限の値に収束するなら，その収束先の値を $f'(x)$ と書いて $f(x)$ の微分といいます。すなわち，

4 ニュートン以降，フーリエまで

$$f'(x) = \lim_{h \to 0} \frac{f(x+h)-f(x)}{h}$$

ということです。変数 x が時間を表し，$f(x)$ が時刻 x までの移動距離を表す場合には，微分 $f'(x)$ は速さを表します。一般には，微分 $f'(x)$ は，変数 x が変化するときの量 $f(x)$ の変化の大きさを表す量となります。

微分 $f'(x)$ には，関数 $f(x)$ のグラフ $y=f(x)$ の接線の傾きを与える，という図形的な意味もありました。

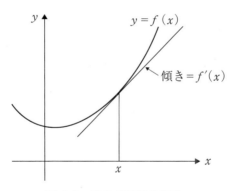

図 4.1　微分の図形的意味

この微分の図形的な意味がわかれば，次の平均値の定理が直観的にはわかります。

平均値の定理　$a<b$ とすると，

97

(M) $$\frac{f(b)-f(a)}{b-a} = f'(c)$$

となる c が $a<c<b$ の範囲に必ず存在する。

　図形的に説明しましょう。(M) の左辺は，xy 平面上の 2 点 $(a, f(a))$ と $(b, f(b))$，つまりグラフの両端の点を結ぶ線分の傾きを表します。一方右辺は点 c におけるグラフの接線の傾きで，それらが等しいということは，この 2 つの線が平行になっているということです。するとグラフの両端を結ぶ線分と平行な接線が必ず存在する，というのが平均値の定理の主張で，それは図を見るといつでも正しいように思われますね。ということで，平均値の定理は認めることにします。

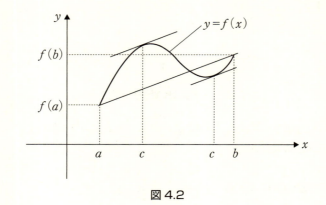

図 4.2

あとで使うときのために，平均値の定理の結論の式 (M)

4 ニュートン以降，フーリエまで

を書き換えておきます。$b-a=h$ とおくと，b は $a+h$ と表され，また a と b の間の数は $0<\sigma<1$ の範囲にある σ（シグマ）を用いて $a+\sigma h$ と表されます。これらの記号を用いると，(M) は

(M′) $$\frac{f(a+h)-f(a)}{h} = f'(a+\sigma h)$$

となります。（σ は $0<\sigma<1$ を満たす数です。）

平均値の定理は非常に有用です。1つの応用例として，次の話題につながるということもあり，平均値の定理を使って弦の音を表す方程式を導いてみましょう。

弦の音の方程式

ギターやヴァイオリン，ハープなどの弦楽器は，両端が固定されてぴんと張った弦が振動することで音を出します。しかもその音は太鼓やシンバルのような打楽器と違ってはっきりした音程を持ち，そのため世界中で昔から様々な弦楽器が考案され愛されてきました。

古代ギリシアのピタゴラス（BC 582〜BC 496）は，直角三角形のピタゴラスの定理で名前をご存じの方も多いと思いますが，実用から離れて思惟的に数学を追究した人物として知られています。彼はきれいな図形（正三角形とか正方形）と数の間に美しい対応がつくことを発見するなど（ピタゴラスの定理もそうですね），数に秘められた力を強く感じていました。

さらに彼は，驚くべき発見をしました。長さが簡単な整数

比になっているような2つの弦の音は，きれいに調和し合う，というのがその発見です。つまり1:2とか2:3とか，簡単な整数比の長さを持つ2弦を同時に奏でると，その音はきれいに調和して響き合うのです。

図形のみならず音までもが数に支配されている，ということに非常に感銘を受けたピタゴラスは，数を調べることで世界を解き明かそうと「ピタゴラス教団」という宗教団体を作り研究を進めました。ピタゴラス教団の教義は

$$\boxed{\text{万物は数である}}$$

だったそうです。

さてピタゴラスの時代から 2000 年ほど経ち，微分と運動法則が発見されたことで，我々はピタゴラスが感じた弦の音の神秘を，解析学で解き明かすことができるようになりました。それを実現するため，まず弦の振動を表す運動方程式を導きましょう。

弦の振動は張力によって引き起こされます。ぴんと張った状態（静止状態といいます）では何の動きもありませんが，弦を引っ張ったりこすったりして少し伸ばすと，弦は張力によって短くなろうとして動きます。この動きが弦の振動となり，それがまわりの空気を振動させて音が発生します。この動きをニュートン力学を用いて調べていきます。

まず数学の俎上に載せるために座標を設定します。弦の長さを ℓ としましょう。静止状態の弦は，x 軸の 0 から ℓ の範囲に置かれているとし，x 軸と直交する u 軸の方向に動くこ

4 ニュートン以降,フーリエまで

とにします。詳しくいうと,各場所 x のところにある弦を構成する点が u 方向に上下運動をして,それが全体として弦の動きを与えるのだと考えるのです。時刻 t における場所 x のところの点の u 座標を $u(t,x)$ と書くことにします。図 4.3 はある時刻 t で止めた瞬間の弦の形だと思って下さい。$u(t,x)$ の意味がわかると思います。

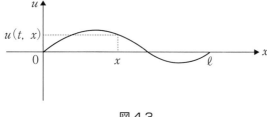

図 4.3

さてこの弦の運動に対してニュートンの運動法則を適用するため,弦の微小部分(ごく短い部分)を考えましょう。$h>0$ を小さな数として,x から $x+h$ までの範囲の弦(それを S とおきましょう)を考えます。

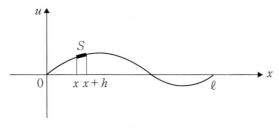

図 4.4

S に働く力を求めます。S の右端の点は S の右側にある弦から引っ張られます。弦の張力は弦を短くしようとする力で、弦の接線方向に働きます。しかし弦の振動は u 方向に起こるので、振動に寄与する力は u 方向の成分だけです。これは張力（T とおきましょう）をベクトルで表し、それを x 方向と u 方向に分解することで求められます。

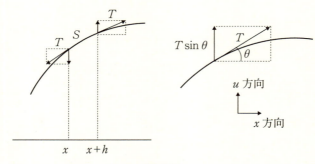

図 4.5

u 方向の成分の長さは、T の傾きの角を θ とするとき $T\sin\theta$ で与えられます。実際の振動では θ はとても小さい値なので、そのときには $\sin\theta$ と $\tan\theta$ はほぼ等しくなります。$\tan\theta$ は接線の傾きですから、微分 $u'(t, x+h)$ に他なりません。（混乱しないよう注意しておきますと、いまは時刻 t を 1 つ固定しているので、2 変数の関数 $u(t,x)$ は x のみの 1 変数関数と考えています。したがってここでいう微分は x を変数とする関数と考えたときの微分を意味します。）

というわけで、微小部分 S が右に引っ張られることで発生する上下方向の力は

4 ニュートン以降,フーリエまで

$$Tu'(t, x+h)$$

としてよいことがわかりました。なお接線の傾きが正(右上がり)のときは,上下方向の力は上向き,つまり正の向きとなるので,この値は ± の符号も込めて正しいことがわかります。

S の左端の点が S の左側の弦から引っ張られることで発生する上下方向の力についても,同様に記述できます。ただし接線の傾きが正のときには下向き(負の向き)の力となることから,符号を変えて

$$-Tu'(t, x)$$

となります。

以上によって微小部分 S に働く力の合計は,

$$Tu'(t, x+h) - Tu'(t, x)$$

となります。

さてここで平均値の定理を使います。$f(x) = u'(t, x)$ と思って(M′)を用いると,

$$\begin{aligned} Tu'(t, x+h) - Tu'(t, x) &= T(u'(t, x+h) - u'(t, x)) \\ &= Tu''(t, x+\sigma h) \cdot h \end{aligned}$$

となる $0 < \sigma < 1$ が存在します。ここで u'' は u' をもう1回微分した,という記号です。これで運動方程式の右辺である外力が求まりました。

次に運動方程式の左辺を求めましょう。微小部分 S の質

量は，弦全体の質量を m とすると，弦全体の長さが ℓ で S の長さが h だから

$$m \times \frac{h}{\ell}$$

となります．加速度は $u(t,x)$ を時間 t の関数と思って，2回微分したものです．外力を求めたときには，$u(t,x)$ を x の関数と思って微分しました．2種類の微分が出てきたので，混乱を避けるため x の関数と思って微分したものを $'$ で，t の関数と思って微分したものを $\dot{}$ で表すことにします．ということで，加速度は $\ddot{u}(t,x)$ と表されます．（h は小さいと考えているので，加速度は S のどの場所でも同じだと考え，左端の点 x での加速度を使っています．）これで左辺も求められたので，運動方程式が立ちます．

$$m \cdot \frac{h}{\ell} \ddot{u}(t,x) = Tu''(t, x+\sigma h) \cdot h$$

両辺に h があるので消去しましょう．

$$\frac{m}{\ell} \ddot{u}(t,x) = Tu''(t, x+\sigma h)$$

さて h は小さい数だったので，この段階で 0 にしてしまいます．そうすることで微小部分 S が1点 x だけとなり，点 x における運動方程式が得られます．

$$\frac{m}{\ell}\ddot{u}(t,x) = Tu''(t,x)$$

これが弦の運動を記述する方程式で，**波動方程式**というニックネームがついています。

2種類の微分が出てきました。x に関する微分 $'$ と t に関する微分 $\cdot$ です。これらは偏微分と呼ばれるものですが，どの変数に関する微分なのかが一目でわかる方がよいので，本書では x に関して微分するという操作を ∂_x という記号で，t に関して微分するという操作を ∂_t という記号で表すことにします。この記号で波動方程式を書くと，

$$\frac{m}{\ell}\,\partial_t^2 u = T\partial_x^2 u$$

となります。u は関数 $u(t,x)$ のことですが，変数の (t,x) を省略してあります。(∂_t を2回繰り返すという操作は $\partial_t\partial_t$ と表されるので，それを ∂_t^2 のように書き表しています。) なお左辺に現れた m/ℓ は，弦の質量をその長さで割っているので，弦の密度（単位長さあたりの質量）に他なりません。密度を ρ（ロー）で表しましょう。さらに $T/\rho = \kappa$ とおくと，波動方程式は

(W) $\qquad\qquad \partial_t^2 u = \kappa\partial_x^2 u$

という簡潔な形になります。(κ：カッパ)

方程式（W）を導くことができました。これがこの節の目

標でした。ベクトルや三角関数も出てきて読むのが少し大変だったかもしれませんが，微分については，微分が接線の傾きを表すこと，時間に関する 2 階微分が加速度を表すこと，それと平均値の定理しか使っていません。そのように思って読んで頂ければ，話の筋は理解できると思います。

注意 普通の微分積分の本では，∂_t, ∂_x ではなく $\dfrac{\partial}{\partial t}, \dfrac{\partial}{\partial x}$ という記号が用いられます。他書と読み比べるときにはご留意下さい。この記号で 2 回微分するときには

$$\frac{\partial^2}{\partial x^2}$$

のように書くのですが，これより ∂_x^2 などの方が意味を取りやすいと考えて，本書では ∂_t, ∂_x を用いることにしました。

18 世紀の数学者たち

　ニュートン力学が生まれたあと，ヨハン・ベルヌーイ，ダニエル・ベルヌーイ，オイラー，ダランベール，ラグランジュといった 18 世紀の数学者たちが，ときに競い合い，ときに協力し合いながら多くの自然現象の解明に取り組みました。そしてニュートン力学のいわば実装化とでもいうべき仕事を成し遂げました。彼らは現代の物理学研究，さらに解析学の基盤を作り，ある面ではその研究の方向性も規定したのです。（なおオイラーをはじめこれらの人々は，解析学だけではなく代数学など数学の様々な分野で非常に重要な仕事を残しました。）彼らの成果を，弦の振動の方程式（W）の解法を

通して紹介しましょう。

アイデアは,

$$u(t,x) = g(t)v(x)$$

という形で(W)の解を探すというところにあります。つまり t だけの関数と x だけの関数の積になっているような特別の形をした解を探すのです。(このような解を変数分離解と呼びます。)とても強い仮定をおいたことになりますが,とりあえず気にしないで進みましょう。さてこの形を仮定すると,

$$\partial_t^2 u = \partial_t^2 g \cdot v, \ \partial_x^2 u = g \cdot \partial_x^2 v$$

となります。先ほどと同様,g, v はそれぞれ $g(t)$ と $v(x)$ のことで,変数の (t) と (x) を省略してあります。すると (W) は

$$v\partial_t^2 g = \kappa g \partial_x^2 v$$

となります。これを書き換えて

$$\frac{\partial_t^2 g}{g} = \kappa \frac{\partial_x^2 v}{v}$$

が得られます。こう書くと,左辺は t だけの関数だから x にはよらず,一方右辺は x だけの関数だから t にはよりません。そしてそれらが等しいので,結局両辺は x にも t にもよらないもの,つまり定数であることがわかります。この定数を $-\lambda$(ラムダ)とおきましょう。マイナスをつけたのは,

あとで負の数であることがわかるからです。

$$\frac{\partial_t^2 g}{g} = \kappa \frac{\partial_x^2 v}{v} = -\lambda$$

この式から

$$\begin{cases} \partial_t^2 g + \lambda g = 0 & \cdots ① \\ \partial_x^2 v + \dfrac{\lambda}{\kappa} v = 0 & \cdots ② \end{cases}$$

という 2 つの微分方程式が得られます。(W) も微分方程式で①, ②も微分方程式で, 何も簡単になっていないのではないかと思うかもしれませんが, 大きな違いがあります。(W) の方は ∂_t と ∂_x が混ざっている方程式（偏微分方程式と呼ばれます）ですが, ①, ②は ∂_t, ∂_x の一方しか現れない方程式（常微分方程式と呼ばれます）で, 後者の方が圧倒的に解きやすいのです。

　常微分方程式①, ②は標準的な方法で解くことができます。そして②を解いた結果は, $\lambda > 0$ とすると

(V) $$v(x) = a \sin \sqrt{\frac{\lambda}{\kappa}} x + b \cos \sqrt{\frac{\lambda}{\kappa}} x$$

となります。ここで a, b は任意の定数です。$\lambda = 0$ の場合や $\lambda < 0$ の場合にも解が求められますが, すぐあとに述べる境界条件によって, そのような解は静止状態しか表さないことが示され, 我々の求めるものではありません。

　というわけで, 問題は (V) の $v(x)$ に含まれる定数 a, b お

4 ニュートン以降,フーリエまで

よび λ の値を決めることになりました。しかし波動方程式(W)はもう使い切ったので,そのほかの条件が必要になります。

実はまだ使っていない条件があります。それは弦が両端($x=0$ のところと $x=\ell$ のところ)で固定されている,という条件です。これを**境界条件**といいます。固定されているので,$x=0$ のところと $x=\ell$ のところでは,どの t の値に対しても u の値は 0 になります。

$$u(t,0) = u(t,\ell) = 0$$

$u(t,x)=g(t)v(x)$ だったので,この条件は $v(x)$ に対する条件

(BC) $\qquad v(0) = v(\ell) = 0$

になります。(V) で $v(0)=0$ とすると

$$a\sin 0 + b\cos 0 = b = 0$$

が得られるので,この時点で

$$v(x) = a\sin\sqrt{\frac{\lambda}{\kappa}}\,x$$

となります。さらに $v(\ell)=0$ を課すと

$$a\sin\sqrt{\frac{\lambda}{\kappa}}\,\ell = 0$$

となり,$a=0$ または $\sin\sqrt{\lambda/\kappa}\,\ell=0$ ですが,$a=0$ とすると

$u(t, x)=0$ となってしまって静止状態しか表さないため,

$$\sin \sqrt{\frac{\lambda}{\kappa}}\ell = 0$$

が得られます。三角関数の知識を使うと, これは

$$\sqrt{\frac{\lambda}{\kappa}}\ell = n\pi \quad (n \text{ は整数})$$

を意味します。κ と ℓ は弦の張力・密度・長さにより決まっている量でしたから, これより

$$\lambda = \kappa\left(\frac{n\pi}{\ell}\right)^2$$

が導かれ, 定数であるということしかわかっていなかった λ が, 無限個の可能性はありますが特定のとびとびの値しか取らないことがわかりました。

$$\lambda_n = \kappa\left(\frac{n\pi}{\ell}\right)^2 \quad (n=1, 2, 3, \cdots)$$

とおきましょう。以下では n を 1 つ固定して $\lambda=\lambda_n$ の場合を考えます。

　λ は微分方程式①にも入っていました。その値が決まったので, ①の解も次のように決まります。

$$g(t) = c\cos(\sqrt{\lambda_n}t + \omega)$$

ここで c と ω（オメガ）は任意の定数です。g と v が求まっ

4 ニュートン以降，フーリエまで

たので，u が決まりました。$ac = a_n$ とおき，ω を ω_n と書くと，

$$u_n(t,x) = a_n \cos(\sqrt{\lambda_n}\, t + \omega_n) \sin\sqrt{\frac{\lambda_n}{\kappa}}\, x$$

$$= a_n \cos\left(\frac{\sqrt{\kappa}\, n\pi}{\ell} t + \omega_n\right) \sin\frac{n\pi}{\ell} x$$

が境界条件（BC）を満たす波動方程式（W）の変数分離解となります。

せっかく求めたので，$u_n(t,x)$ がどんな音なのかを見てみましょう。$u_n(t,x)$ のうち cos の部分は，時間とともに -1 と 1 の間を振動する働きをします。t を止めた瞬間の弦の形を与えるのが sin のパートで，図 4.6 のように n 個の山がある形をしています。

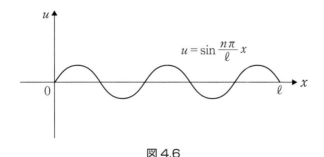

図 4.6

音の高さ（音程）は周波数で決まります。周波数は 1 秒間に振動する回数で，これは cos のパートの振動で決定されます。$\cos x$ の（関数としての）周期が 2π ですので（つまり $\cos(x + 2\pi) = \cos x$ が成り立つ），1 回振動するのにかかる

時間(振動の周期といいます)T_n は

$$\sqrt{\lambda_n}\, T_n = 2\pi$$

によって決まります。これを解くと

$$T_n = \frac{2\pi}{\sqrt{\lambda_n}} = \frac{2\ell}{n\sqrt{\kappa}}$$

が得られます。周波数はこの逆数ですから,

$$\frac{n\sqrt{\kappa}}{2\ell}$$

となります。$n=1$ のときの音 $u_1(t,x)$ はこの弦の基音で,音叉の音のようにピュアな音です。$n=2,3,\cdots$ のときの $u_n(t,x)$ は,基音の整数倍の周波数を持ち,倍音と呼ばれます。

いま求めた解 $u_n(t,x)$ は,変数分離形という特別な形をしたものでした。でも実際の解はどうなっているのでしょうか。より一般的な解を求める方法があります。それは「重ね合わせ」という方法で,波動方程式(W)が線形微分方程式というカテゴリーに入っているので可能なものです。やり方は簡単で,いくつかの解を足し合わせればよいのです。線形微分方程式においては,足し合わせたものがまた解になります。つまり

$$u(t,x) = u_1(t,x) + u_2(t,x) + u_3(t,x) + \cdots$$

とすることで,より複雑な解が構成できるのです。

4 ニュートン以降,フーリエまで

$u_1(t,x)$ が基音で,$u_2(t,x), u_3(t,x), \cdots$ は倍音でした。これらを足し合わせると,それぞれの音が一斉に聞こえるということになります。それぞれの周波数は違いますが,倍音 $u_n(t,x)$ の周期は基音の周期の $1/n$ なので,基音の周期ごとに弦の形は元に戻り,その結果重ね合わせた全体の音の周期は基音の周期になります。こうして弦の音は基音の周波数によって決まる音程を持つことがわかりました。

ここでピタゴラスの話を思い出しましょう。ピタゴラスは長さの比が簡単な整数比になっている2弦の音は調和し合うことを発見し,そこに数の神秘を感じたのでした。いま我々は,なぜそうなるのかということを,解析学によって説明することが可能となりました。

例として長さの比が $2:3$ の2弦を考えましょう。第1の弦の長さを $2L$,第2の弦の長さを $3L$ としますと,第1の弦の基音の周期は

$$\frac{2 \cdot 2L}{\sqrt{\kappa}} = \frac{4L}{\sqrt{\kappa}},$$

第2の弦の基音の周期は

$$\frac{2 \cdot 3L}{\sqrt{\kappa}} = \frac{6L}{\sqrt{\kappa}}$$

となります。したがってこの2つの周期の最小公倍数である $12L/\sqrt{\kappa}$ という時間が経つと,両方の弦が元の形に戻りますので,2つの弦の音はともにこの周期 $12L/\sqrt{\kappa}$ の音の倍音と

いうことになってうまく響き合うのです。

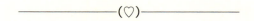

　このように，ニュートンの運動法則を実際の現象に当てはめて，その現象の解析を行うという研究がいろいろと行われました。様々な現象のメカニズムがどんどん解明されていくのは素晴らしいことでしたが，それ以上に，自然現象を研究するときの流儀のようなものがだんだんと形成されていったということが重要です。

　その1つは，物事を簡単な場合に帰着させて考える，という方法論です。これは古代ギリシア以来，西洋における基本的な考え方です。たとえば物質は原子と呼ばれる基本的なパーツから構成されていると考え，物質の性質を調べるには，まず原子の性質を調べ，それから原子を組み合わせることで発生する効果を調べればよい，とするのです。

　上記の波動方程式の解析では，変数分離解というのが原子に相当します。これは確かに簡単な解で，三角関数を用いて具体的に書けていますので，その性質がよくわかります。そして実際の音を変数分離解から構成するには，重ね合わせを行えばよくて，これは考えられる限り最も単純な構成方法です。したがってこの解析における1つの要点は，原子に相当するものとして変数分離解を考えればよいということを見出したことです。

　さて実はもう1つ，この波動方程式の解析には重要な考え方が現れています。途中に現れた微分方程式②を，$\lambda/\kappa=\mu$

とおいて次の形に書きます。(μ：ミュー)

(S) $$-\partial_x^2 v = \mu v$$

右辺の μ は，はじめの段階では未定の定数でした．この微分方程式は μ がどんな値であっても必ず解を持ちますが，これに境界条件

$$v(0) = v(\ell) = 0$$

を課すと，恒等的に 0 になるもの以外の解 $v(x)$ が存在するためには μ は選ばれた値

$$\mu = \left(\frac{n\pi}{\ell}\right)^2 \quad (n=1, 2, 3, \cdots)$$

しか取れないことが導かれました．(そしてこの μ の値が周波数（音程）を決定するのでした．)

これによく似た，より簡単な問題があります．A を n 次正方行列，v を n 次元縦ベクトルとしたとき，v を未知ベクトルとする

(L) $$Av = \lambda v$$

という方程式です．n が 2 のときには，行列 A とベクトル v は

$$A = \begin{pmatrix} a & b \\ c & d \end{pmatrix}, \ v = \begin{pmatrix} x \\ y \end{pmatrix}$$

と書かれるので，(L) は

$$\begin{pmatrix} a & b \\ c & d \end{pmatrix} \begin{pmatrix} x \\ y \end{pmatrix} = \lambda \begin{pmatrix} x \\ y \end{pmatrix}$$

となり,これは実際は連立1次方程式

$$\begin{cases} ax+by = \lambda x \\ cx+dy = \lambda y \end{cases}$$

を意味します。例として

$$A = \begin{pmatrix} 1 & 2 \\ 4 & 3 \end{pmatrix}$$

の場合を考えてみましょう。連立1次方程式で書けば

$$\begin{cases} x+2y = \lambda x \\ 4x+3y = \lambda y \end{cases}$$

です。この方程式は $x=y=0$ を必ず解に持ちますが,ほとんどの場合はそれが唯一の解です。ところが λ が特別な値を取ったときには,$(x,y)=(0,0)$ 以外の解が存在します。そのような λ の値は -1 と 5 で,$\lambda=-1$ のときには $x+y=0$ をみたす (x,y) はすべて解となり,また $\lambda=5$ のときには $2x=y$ をみたす (x,y) がすべて解となります。ベクトルに戻して述べれば,$v=\begin{pmatrix} 0 \\ 0 \end{pmatrix}$(これを簡単に $v=0$ と表します)以外の解を持つためには,λ が特定の値を取らなくてはならない,という話になります。

このように見ると,これは (S) において μ の値が選ばれるのと同じような話であることがわかりますね。(L) において $v \neq 0$ という解が存在するときの λ の値は**固有値**と呼ばれ,

そのときの解 v は**固有ベクトル**と呼ばれます。この言い方を流用して，(S) において選ばれた μ の値を（条件 $v(0)=v(\ell)=0$ の下での）**固有値**と呼び，そのときの解 $v(x)$ を，これはベクトルではなくて関数なので，**固有関数**と呼びます。

ところで方程式 (L) の場合には，固有値 λ は簡単に求めることができます。行列 A に対して，固有方程式という n 次方程式が定まり，その解が固有値となるのです。$A=\begin{pmatrix} 1 & 2 \\ 4 & 3 \end{pmatrix}$ の場合では，固有方程式は

$$\lambda^2 - 4\lambda - 5 = 0$$

となることがわかって，この 2 次方程式の解として $\lambda=-1, 5$ が得られます。（この仕組みについては，詳しくはノート A* の「固有値・固有ベクトル」の節を参照して下さい。）しかし (S) の場合には，固有値を求めるためには三角関数がいつ 0 になるか，という高度な知識を使いました。このように (S) の方がずっと難しいのですが，このような類似が観察されることによって，連立 1 次方程式の研究（それを一般に線形代数学といいます）を微分方程式の解法に役立てることができるようになりました。この話は第 6 章で紹介する関数解析につながります。

フーリエと熱方程式

フーリエは，オイラー，ラグランジュといった人々より少

---

* ブルーバックス公式 HP の「既刊一覧」をクリックし，『はじめての解析学』を選びます。そこにある「付録」をクリックして下さい。

しあとの世代の数学者・物理学者で，音の研究と同様のことを熱について行いました。内容的には音の研究と同様でその延長線上にあるのですが，彼の主張が数学界に大きな議論を引き起こし，その解決を目指す中で現代の本格的な解析学が誕生したととらえることができます。そこでこの節では，エポックメーキングな事象として，フーリエの研究を取り上げようと思います。

彼は熱の伝わり方について，2つの法則を提案しました。

♣ 物体に流れ込む熱量は，時間と温度勾配に比例する

♢ 物体の温度を単位時間内に1度上げるのに必要な熱量は，その物体の質量に比例する（このときの比例定数を，その物体の比熱といいます）

温度勾配というのは，あとできちんと扱いますが，「温度の差の甚だしさ」のようなものと思って下さい。定性的に述べれば，熱量は時間が経てば経つほど流れ込んでくるし，温度の差が大きいときの方がたくさん流れ込んでくる，というのがはじめの法則♣です。2番目の法則♢は，物体ごとに程度の違いはあるけれど，質量が大きいほど温度を上げるのにたくさんの熱量が必要になる，といっています。

この2つの法則から，フーリエは熱の伝わり方を表す方程式を導きました。針金のような直線状の物体の場合に，その導出の様子を説明しましょう。

針金（のような直線状の物体）がx軸に載っていると考え

て，物体上の点の位置は x 座標で表すことにします。

図 4.7　x 軸に置かれた針金

　時刻 t における x という場所にある点の温度を $u(t, x)$ と書きましょう。すると t を 1 つ決めるごとに，xu 平面に場所ごとの温度の値を表すグラフ $u = u(t, x)$ が得られますね。第 1 の法則♣に出てきた温度勾配というのは，正確に言うとこのグラフの接線の傾きのことになります。

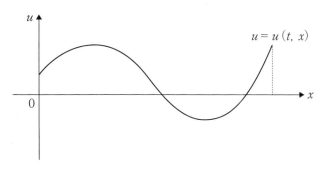

図 4.8　時刻 t における温度分布

　さて，ある時刻 t のある場所 x での温度 $u(t, x)$ を調べたいのですが，弦の音の解析と同様に，少し広がりを持たせて

考えます。まず場所については，xから$x+h$までの範囲Sを考えることにします。hは小さい正の数とします。時間については，時刻tから時刻$t+b$の間を考えます。bも小さい正の数とします。

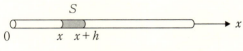

図 4.9　考える場所

微小部分Sに，時刻tから$t+b$の間に流入する熱量を求めましょう。ここら辺の議論は弦の音のときと同様なので，少し端折りながら説明します。Sの右側からSの右端を通って流入する熱量については，温度勾配が$x+h$における接線の傾き$\partial_x u(t, x+h)$，経過時間がbですから，法則♣により

$$C \times b \times \partial_x u(t, x+h)$$

となります。ここでCは比例定数です。またSの左側からSの左端を通って流入する熱量は，同様に

$$-C \times b \times \partial_x u(t, x)$$

となります。よってその合計が

$$C \cdot b \cdot (\partial_x u(t, x+h) - \partial_x u(t, x))$$

ですが，ここで平均値の定理を使うと，

$$\partial_x u(t, x+h) - \partial_x u(t, x) = h \cdot \partial_x^2 u(t, x+\sigma h)$$

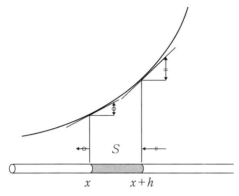

図 4.10　温度勾配と熱の移動

となるような $0<\sigma<1$ が存在するので，流入する熱量の合計は

$$C \cdot b \cdot h \cdot \partial_x^2 u(t, x+\sigma h)$$

と表されます。

　これだけの熱量が流入したことによって，微小部分 S の温度が $u(t,x)$ から $u(t+b,x)$ に上がるわけです。一方この温度変化に必要な熱量を，法則◇に基づいて記述すると，

$$g \cdot \rho \cdot h (u(t+b,x) - u(t,x))$$

となります。ここで g は比熱（法則◇にある比例定数），ρ は針金の密度で，微小部分 S の質量が $\rho \cdot h$ となります。ここでもまた平均値の定理を使うと，この熱量は

$$g \cdot \rho \cdot h \cdot b \cdot \partial_t u(t+\tau b, x)$$

と表されます。ここで τ（タウ）は $0<\tau<1$ をみたす数です。

このように2通りに求めた熱量は一致しなければならないので、次の方程式が得られます。

$$g \cdot \rho \cdot h \cdot b \cdot \partial_t u(t+\tau b, x) = C \cdot b \cdot h \cdot \partial_x^2 u(t, x+\sigma h)$$

b と h は両辺にあるので消去しましょう。

$$g \cdot \rho \cdot \partial_t u(t+\tau b, x) = C \cdot \partial_x^2 u(t, x+\sigma h)$$

ここで小さい数としていた h と b を0にすると、

$$g \cdot \rho \cdot \partial_t u(t, x) = C \cdot \partial_x^2 u(t, x)$$

が得られます。$C/g\rho = c$ とおいて書き換えると、

(H) $$\partial_t u = c \partial_x^2 u$$

という微分方程式が得られました。これを**熱方程式**（または**熱伝導方程式**）と呼びます。

こうして熱の伝わり方を表す微分方程式を手に入れたあと、フーリエは次のような問題を考えました。

問題 ある長さの針金（線分）があり、その両端の温度は0に保たれているとする。時刻0における温度分布を任意に与えたとき、時刻 t では各点における温度はどうなるか？

問題の針金は、xu 平面の x 軸上に置かれているとしましょう。左端が $x=0$ で右端が $x=\pi$ だとします。（こうするのは本質的な仮定ではありません。）温度分布は $u(t, x)$ という

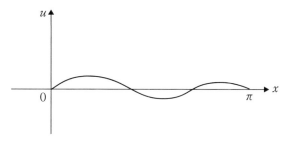

図4.11 フーリエの問題

関数で表されます。

$u(t,x)$ は熱方程式（H）をみたし，またどの時刻でも両端（$x=0$ と $x=\pi$ のところ）の温度が 0 だから $u(t,0)=u(t,\pi)=0$ をみたします。$t=0$ における温度分布は $a(x)$ という関数で与えることにしましょう。説明を簡単にするため，熱方程式における定数 c は 1 としておきます。こうして問題は，次の条件をみたす関数 $u(t,x)$ を求めることになりました。

$$\begin{cases} \partial_t u = \partial_x^2 u & \cdots \text{①} \\ u(t,0) = u(t,\pi) = 0 & \cdots \text{②} \\ u(0,x) = a(x) & \cdots \text{③} \end{cases}$$

①が熱方程式（H）で，②は境界条件，③は初期条件と呼ばれます。

フーリエはこの問題を，先達にならって変数分離解の重ね合わせという形で解きました。その流れをざっと見てみます。まず変数分離解

$$u(t,x) = g(t)v(x)$$

であることを仮定すると,微分方程式①は未定の定数 λ を含む2つの常微分方程式

$$\begin{cases} \partial_t g + \lambda g = 0 & \cdots ④ \\ \partial_x^2 v + \lambda v = 0 & \cdots ⑤ \end{cases}$$

に分解します。④の解は

$$g(t) = ae^{-\lambda t}$$

と求まります(a は任意定数)。⑤については音のときと同様に三角関数で解が表され,その解が境界条件②をみたすようにということから,

$$\lambda = n^2 \quad (n=1, 2, 3, \cdots)$$

が得られます。つまり固有値の値が求められました。このとき⑤の解は

$$v(x) = b \sin nx$$

で与えられます(b は任意定数)。sin の中にある n というのは $\sqrt{\lambda} = \sqrt{n^2}$ のことです。こうして λ の値 n^2 を1つ選ぶごとに,解 $u(t,x)$ が決まります。それを $u_n(t,x)$ とおきましょう。任意定数 a, b は両方とも1として,

$$u_n(t,x) = e^{-n^2 t} \sin nx \quad (n=1, 2, 3, \cdots)$$

となります。

こうして得られた変数分離解 $u_n(t,x)$ の1つ1つは，まだ残っている初期条件③を満足するものではないので，これらの重ね合わせで初期条件③もみたす最終的な解を作りたいと考えます．変数分離解は無限個あるので，それらすべての重ね合わせとして

$$u(t,x) = \alpha_1 u_1(t,x) + \alpha_2 u_2(t,x) + \alpha_3 u_3(t,x) + \cdots$$

$$= \sum_{n=1}^{\infty} \alpha_n u_n(t,x)$$

を考えます．ここで $\alpha_1, \alpha_2, \cdots$ は定数です．したがって問題は，定数 $\alpha_n (n=1,2,3,\cdots)$ をうまく選んで，この重ね合わせで得られる $u(t,x)$ が初期条件③をみたすようにすることです．

問題はもう少し明確に述べられます．初期条件というのは $t=0$ を代入したときの条件ですから，$u_n(0,x) = \sin nx$ に注意して，

$$\sum_{n=1}^{\infty} \alpha_n \sin nx = a(x)$$

をみたすように $\alpha_n (n=1,2,3,\cdots)$ を決める，というのが問題です．

さてこの問題に対するフーリエの解法を理解するには，ベクトルの内積についての知識が役立ちます．そこでこれから少し，ベクトルの内積についてお話ししましょう．

ベクトルの内積

2つのベクトルに対して，内積と呼ばれる数が定まります．

平面ベクトルの場合に述べると,2つのベクトルを $u=\begin{pmatrix}u_1\\u_2\end{pmatrix}$, $v=\begin{pmatrix}v_1\\v_2\end{pmatrix}$ とするとき,その内積 (u,v) は

(IA) $$(u,v) = u_1v_1+u_2v_2$$

で定義されます。内積はこのように成分の簡単な式として定義されますが,図形的な意味を持っています。ベクトル u の長さを記号 $\|u\|$ で表しましょう。(高校の教科書などでは $|u|$ という記号がよく使われますが,数の絶対値と区別するため縦線を二重にしています。)ベクトルの長さも成分で表すことができて,

$$\|u\| = \sqrt{u_1^2+u_2^2}$$

です。2つのベクトル u,v のなす角を θ とすると,内積 (u,v) は,長さと角を用いて

(IB) $$(u,v) = \|u\|\,\|v\|\cos\theta$$

とも表されます。この表示の図形的な意味を説明しましょう。

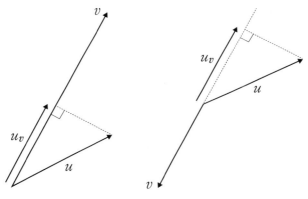

図 4.12 ベクトルの射影

　ベクトル u のベクトル v 方向への射影とは，図 4.12 のように定義されるベクトルのことです。(あえてことばで定義するなら，u と v の始点を合わせ，その共通の始点を始点とし，v の載っている直線への u の終点からの垂線の足を終点とするベクトルのことです。) その射影を u_v と書くことにしましょう。すると内積 (u,v) は，

$$(u,v) = \pm\|u_v\|\,\|v\|$$

に等しいことがわかります。ただし $\pm$ は，u_v が v と同じ向きを向いているときには $+$，反対向きのときには $-$ と定めます。この等式は，(IB) において $\cos\theta$ の意味を考えればわかります。特に v の長さが 1 のとき ($\|v\|=1$ のとき) には，内積によって射影の長さ $\|u_v\|$ が計算できることに注意しておきましょう。なお u と v の役割を交代しても大丈夫です。

つまり

$$(u,v) = \pm\|u\|\|v_u\|$$

も成り立ちます。

2つのベクトル u,v が直交しているときには，$\cos\theta$ が0になるので内積 (u,v) の値は0になります。

$$u \perp v \Longrightarrow (u,v) = 0$$

これは射影 u_v の長さが0になるから，と考えても同じことです。

一方で，ベクトルの内積は（IA）という簡単な式で定義されていたので，この定義からいろいろな性質を導くことができます。まず内積と長さの関係として，

(I0) $$(u,u) = \|u\|^2$$

が成り立つことがすぐわかります。そのほか，次のような関係式も容易に示すことができます。u,v,w をベクトル，α を数とするとき，

(I)
$$\begin{cases} (v,u) = (u,v) \\ (u+v,w) = (u,w)+(v,w) \\ (u,v+w) = (u,v)+(u,w) \\ (\alpha u,v) = \alpha(u,v) \\ (u,\alpha v) = \alpha(u,v) \\ (u,u) \geq 0 \\ (u,u) = 0 \Leftrightarrow u = 0 \end{cases}$$

が成り立ちます。

フーリエの解法

さて考えていた問題は，与えられた関数 $a(x)$ に対して

(F) $$a(x) = \sum_{n=1}^{\infty} \alpha_n \sin nx$$

をみたすように定数 $\alpha_n (n=1, 2, 3, \cdots)$ を決める，ということでした。フーリエによるこの問題の解法は，内積（のようなもの）を用いるという発想に基づいています。

区間 $0 \leq x \leq \pi$ で定義された関数 $f(x), g(x)$ に対して，その内積 (f, g) を

$$(f, g) = \int_0^{\pi} f(x)g(x)dx$$

により定義します。内積はベクトルに対する概念でしたが，関数にまで広げてしまおうというのです。どのように定義するのも自由ですが，このように定義すると，ベクトルの内積で成り立っていた基本的な関係式 (I) がこの場合にも成り立つことがわかります。少し見てみると，

$$(f+g, h) = \int_0^{\pi} (f(x)+g(x))h(x)dx$$
$$= \int_0^{\pi} f(x)h(x)dx + \int_0^{\pi} g(x)h(x)dx$$
$$= (f, h) + (g, h)$$

とか，

$$(af, g) = \int_0^\pi af(x)g(x)dx = a\int_0^\pi f(x)g(x)dx = a(f, g)$$

といった具合です。

さらに発想を広げましょう。関数には長さなどありませんが、内積と長さの関係 (10) を長さの定義だと見なして、関数 $f(x)$ の長さ $\|f\|$ を

$$\|f\|^2 = (f, f)$$

で定義してしまいます。直接的に書けば

$$\|f\| = \sqrt{(f, f)} = \sqrt{\int_0^\pi f(x)^2 dx}$$

となります。また2つの関数が直交するという言い方はナンセンスですが、これも内積の性質を読み替えて、

$$(f, g) = 0$$

となるような2つの関数は**直交**している、と言うことにしてしまいます。

さてこれからの議論で一番大事なのは、n と m が異なる自然数のときには、$\sin nx$ と $\sin mx$ が直交するという事実です。つまり

$$(\sin nx, \sin mx) = 0 \quad (n \neq m)$$

が成り立ちます。また m が n に等しいときには、

$$(\sin nx, \sin nx) = \|\sin nx\|^2 = \frac{\pi}{2}$$

4 ニュートン以降, フーリエまで

が成り立ちます。(これらは三角関数の知識を用いて導かれます。)

ではここで $a(x)$ と $\sin mx$ の内積を取ってみましょう。$a(x)$ が (F) のように書けていたとすると,

$$(a(x), \sin mx) = \left(\sum_{n=1}^{\infty} \alpha_n \sin nx, \sin mx\right)$$

$$= \sum_{n=1}^{\infty} \alpha_n (\sin nx, \sin mx)$$

$$= \alpha_m \cdot \frac{\pi}{2}$$

が得られます。(この計算には内積の性質 (I) と三角関数の直交性を使いました。) これから

$$\alpha_m = \frac{2}{\pi}(a(x), \sin mx)$$

となり, α_m を求めることができました。つまり与えられた関数 $a(x)$ と $\sin mx$ の内積を計算すれば, (F) における係数 α_m が求められる, ということがわかったのです。

こうしてフーリエは, はじめの問題の解 $u(t, x)$ を, 次の形で求めることに成功しました。

$$u(t, x) = \sum_{n=1}^{\infty} \frac{2}{\pi}(a(x), \sin nx)e^{-n^2 t}\sin nx$$

フーリエの引き起こした議論

フーリエの結果は見事なものでしたが, 何か怪しいのでは

ないかと思う人も現れました。そういった人たちが問題にしたのは，表示式 (F) でした。つまり，「勝手な関数 $a(x)$ がいつでも三角関数（という特別な関数）の足し合わせで表されるなんてことがあるのだろうか？」という疑問です。その疑問を実感するため，以前にも一度描きましたが $\sin nx$ のグラフをいくつか描いてみましょう。このグラフを見ると，n が大きくなると $\sin nx$ は $0 \leq x \leq \pi$ の範囲で激しく振動することがわかります。

このような関数を足し合わせて表される関数は限られたも

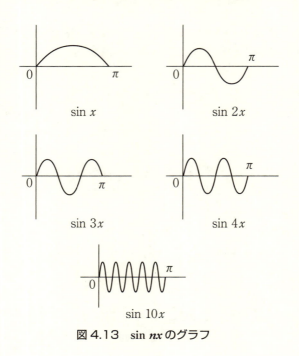

図 4.13 $\sin nx$ のグラフ

4 ニュートン以降,フーリエまで

のではないか,という素朴な疑問に対しては,解答があるとすれば,確かに有限個しか足さなければ限られたものになるけれど,無限個足していることによってどんな関数でも表されるのだ,とするしかありません。

ここで無限が現れました。古代ギリシアでは,アルキメデスが現れるまでは無限は不合理を引き起こす恐ろしいもので,触れてはいけないという扱いをされました。アルキメデスはそのタブーを破り,積極的に無限を使ってめざましい仕事を成し遂げました。その後は,少なくとも優れた数学者の間では無限はタブーではなく,正しく扱うことで数々の結果をもたらしてくれるという認識があったのだと思います。特にオイラーは無限を扱うことにかけても天才で,自在に無限を操り,ゼータ関数や分割数をはじめとする様々な題材についての驚くべき結果を次々と産み出しました。しかし相手は無限ですから,扱い方を間違えるとやはり不合理な結果が得られることがあります。でもオイラーをはじめとする優れた人々は,扱い方を間違えることなく正しい結果を導いていました。

さて,時代は,無限の扱いを一部の優れた人々の直観に委ねるのではなく,誰もが正しく取り扱えるように求めていたのかもしれません。フーリエの仕事に対する批判をきっかけに,無限の扱いという大きなテーマが立ち現れました。そのテーマに正面から取り組むことで,現代的な解析学が誕生したのです。

フーリエの表示式 (F) に即していえば,無限個のものを足しても大丈夫なのか,ちゃんとした数になるのか,というの

が第一の論点です。第二の論点は、勝手な関数 $a(x)$ が（F）のように三角関数で表されるということだけれど、そもそも関数とはいったい何だろうか、我々は（勝手な）関数というものを知っているのだろうか、というものです。多くの人々がこれらの問題に取り組み、満足できる解答が得られました。

そこで得られた概念を用いると、フーリエの表示式（F）は**フーリエ展開**の理論として定式化することができ、きちんと証明できることになりました。フーリエ展開の理論について詳しくは述べませんが、結構いろいろな関数が（F）の形で表示できることがわかります。2つほど例を挙げましょう。

例 4.1 次の図のようなとがったグラフを持つ関数 $f(x)$ をフーリエの表示（フーリエ展開）で表してみましょう。

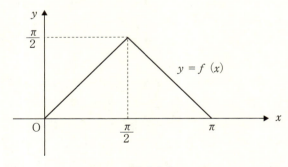

図 4.14

$f(x)$ を式で与えると、

$$f(x) = \begin{cases} x & \left(0 \leq x \leq \dfrac{\pi}{2}\right) \\ \pi - x & \left(\dfrac{\pi}{2} \leq x \leq \pi\right) \end{cases}$$

となります。この $f(x)$ と $\sin mx\,(m=1,2,3,\cdots)$ の内積をとることで，フーリエ展開が求められます。計算した結果は次のようになります。

$$f(x) = \sum_{n=0}^{\infty} \frac{4(-1)^n}{(2n+1)^2 \pi} \sin(2n+1)x$$

$$= \frac{4}{\pi}\sin x - \frac{4}{3^2 \pi}\sin 3x + \frac{4}{5^2 \pi}\sin 5x - \frac{4}{7^2 \pi}\sin 7x + \cdots$$

右辺の展開が元の関数 $f(x)$ を表す様子を，図 4.15 で見てみましょう。右辺の項を加えるごとに，グラフがだんだんとがっていく様子を見ることができますね。

ちなみに，$f(x)$ のフーリエ展開の式に $x=\dfrac{\pi}{2}$ を代入すると

$$\frac{\pi}{2} = \frac{4}{\pi} \sum_{n=0}^{\infty} \frac{1}{(2n+1)^2}$$

となります。($\sin\dfrac{\pi}{2}=1, \sin\dfrac{3\pi}{2}=-1, \sin\dfrac{5\pi}{2}=1, \cdots$ に注意すればわかります。) これより

$$\frac{\pi^2}{8} = \sum_{n=0}^{\infty} \frac{1}{(2n+1)^2} = 1 + \frac{1}{3^2} + \frac{1}{5^2} + \frac{1}{7^2} + \cdots$$

が得られます。ところで自然数の 2 乗の逆数をすべて足すと

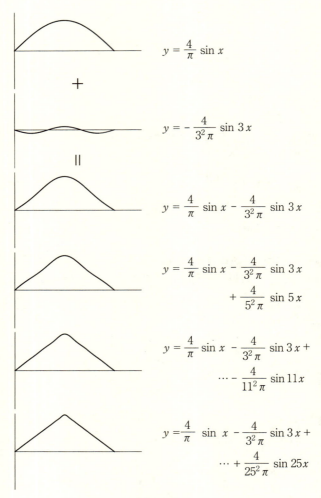

図 4.15

どうなるか，つまり

$$S = \sum_{n=1}^{\infty} \frac{1}{n^2} = 1 + \frac{1}{2^2} + \frac{1}{3^2} + \frac{1}{4^2} + \frac{1}{5^2} + \cdots$$

の値を求めよという問題が古くから考えられていました。これに完璧な解答を与えたのはオイラーでした。彼の答えは上の結果を用いて次のように再現することができます。自然数を偶数と奇数に分け，偶数だけについての和を S_e とおきましょう。

$$S_e = \frac{1}{2^2} + \frac{1}{4^2} + \frac{1}{6^2} + \cdots$$

すると明らかに

$$S = S_e + \frac{\pi^2}{8}$$

となります。一方

$$S_e = \sum_{n=1}^{\infty} \frac{1}{(2n)^2} = \frac{1}{4} \sum_{n=1}^{\infty} \frac{1}{n^2} = \frac{1}{4} S$$

が成り立ちますから，上の式に代入すると

$$S = \frac{1}{4} S + \frac{\pi^2}{8}$$

$$\frac{3}{4} S = \frac{\pi^2}{8}$$

$$S = \frac{\pi^2}{6}$$

となってSの値が求められました。オイラーはフーリエより前の人ですからフーリエ展開を使ってSの値を求めたのではありませんが、やはり$\sin x$を巧妙に用いてこの計算を行いました。単純な自然数に関する和から、難しいπという数が現れるのが不思議なところですね。これはオイラーのお気に入りの仕事だったようで、実は現代の高度に進化した整数論の1つの起点となります。

例 4.1 ではとがったグラフを持つ関数もフーリエ展開で表されることを見ました。ただし例 4.1 の関数のグラフは、とがっているけれどつながってはいます。そこで 2 つ目の例では、つながっていないグラフを持つ関数を考えてみましょう。

例 4.2 関数

$$g(x) = \begin{cases} x & \left(0 \leq x < \frac{\pi}{2}\right) \\ 0 & \left(x = \frac{\pi}{2}\right) \\ x - \pi & \left(\frac{\pi}{2} < x \leq \pi\right) \end{cases}$$

のフーリエ展開を求めてみます。$g(x)$のグラフは図 4.16 の通りで、$x = \frac{\pi}{2}$のところで途切れています。

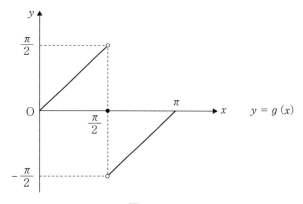

図4.16

$g(x)$ についても $\sin mx\,(m=1,2,3,\cdots)$ との内積をとることでフーリエ展開が求められます。計算結果は

$$g(x) = \sum_{n=1}^{\infty} \frac{(-1)^{n-1}}{n}\sin 2nx$$

$$= \sin 2x - \frac{1}{2}\sin 4x + \frac{1}{3}\sin 6x - \frac{1}{4}\sin 8x + \cdots$$

となりました。右辺のフーリエ展開が $g(x)$ を近似していく様子を，図4.17で見てみましょう。途切れたグラフを必死に近似していく様子がわかりますね。

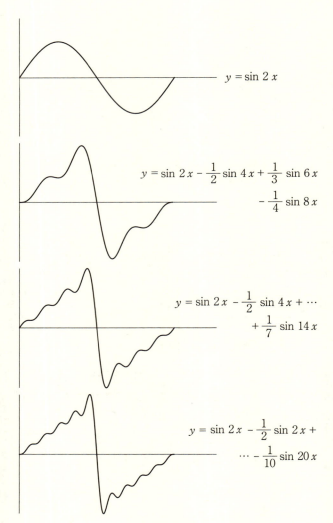

図 4.17

さて次の章では，フーリエの引き起こした2つの論点についてどのような解答が得られたか，ということを説明したいと思います。

5 実数と関数

フーリエの展開式

$$a(x) = \sum_{n=1}^{\infty} \alpha_n \sin nx$$

は，無限個の関数の和でした。無限個のものを足す，という難しさに加えて，足すものが関数である，という難しさもあります。そこで問題を切り分けて，まず無限個の「もの」を足す，ということについて考えてみましょう。「もの」というと曖昧ですから，無限個の「数」を足す，ということを考えます。この考察を通して，我々は，数とは何か，という根源的な問題に直面することになります。

無限和のややこしさ

高校では等比数列の和について習います。その知識を使うと，たとえば

$$\frac{1}{2} + \frac{1}{4} + \frac{1}{8} + \frac{1}{16} + \cdots = \sum_{n=1}^{\infty} \frac{1}{2^n}$$

というような無限和がどうなるのかを知ることができます。

やり方は次の通りです。

$$S_n = \frac{1}{2} + \frac{1}{4} + \cdots + \frac{1}{2^n}$$

とおきます。この両辺に 1/2 を掛けると，右辺では各項の分母の 2 の指数が 1 つ増えますので，

$$S_n = \frac{1}{2} + \frac{1}{4} + \frac{1}{8} + \cdots + \frac{1}{2^n}$$

$$\frac{1}{2} S_n = \quad\quad \frac{1}{4} + \frac{1}{8} + \cdots + \frac{1}{2^n} + \frac{1}{2^{n+1}}$$

となります。辺々を引き算すると

$$\frac{1}{2} S_n = \frac{1}{2} - \frac{1}{2^{n+1}}$$

となり，これより

$$S_n = 1 - \frac{1}{2^n}$$

が得られます。無限和 $\sum_{n=1}^{\infty} 1/2^n$ は，第 n 項までの和である S_n の n を無限大にした極限と考えられるので，

$$\sum_{n=1}^{\infty} \frac{1}{2^n} = \lim_{n \to \infty} S_n = \lim_{n \to \infty} \left(1 - \frac{1}{2^n}\right) = 1$$

となって，無限和の値が 1 になることがわかりました。

ここでちょうどよい機会ですので，第 1 章で紹介した「ア

キレスと亀」のパラドックスを解決しましょう。亀より後方からスタートした俊足のアキレスが，いつまでたっても亀に追いつけない，というお話でした。アキレスが亀のスタート位置に到達したとき，亀は少し先に進んでいます。アキレスがその亀の位置に到達したとき，亀はさらに少し先に進んでいます。これが永遠に繰り返されるため，いつまでたってもアキレスは亀に追いつけないということになるのでした。

　第1章でしておいた定量化を使いましょう。この一連の行動にかかる時間は

$$1+\frac{1}{10}+\frac{1}{100}+\frac{1}{1000}+\cdots$$

でした。これは無限和で，そこが怪しいところでしたが，上と同じやり方でこの無限和の値を求めることができます。

$$A_n = 1+\frac{1}{10}+\frac{1}{100}+\cdots+\frac{1}{10^n}$$

とおくと，上記の S_n に対する計算と同様にして

$$A_n - \frac{1}{10}A_n = 1 - \frac{1}{10^{n+1}}$$

が得られますから，これを解いて

$$A_n = \frac{10}{9}\left(1-\frac{1}{10^{n+1}}\right)$$

となり，したがって

$$1+\frac{1}{10}+\frac{1}{100}+\frac{1}{1000}+\cdots = \lim_{n\to\infty} A_n = \frac{10}{9}$$

となります。これがアキレスが亀に追いつくまでにかかる時間です。

つまり有限の時間でアキレスは追いつくのですが、その有限の時間を無限個に分割したことによってステップ数が無限となり、あたかも無限に時間がかかるように錯覚させるパラドックスだったのです。ちなみにそのときまでに亀が進んでいた距離も $10/9$ m になります。

話を戻しましょう。はじめの例やアキレスと亀の話では無限個の数を足しますが、先の方に行くと足す数が非常に小さくなるので、足した結果が有限の値になりました。(このこと、つまり足した結果が有限の値になることを、無限和が収束すると言います。) 反対に足す数が大きくなっていくと、無限和は発散します。たとえば等比数列でも比の値が $1/2$ ではなくて 2 だとすると、

$$2+4+8+16+\cdots$$

はどんどん大きくなって、無限大に発散します。それでは足す数がどんどん小さくなれば無限和は収束するのか、というと、そうではない例が知られています。

$$X = \sum_{n=1}^{\infty} \frac{1}{n} = 1+\frac{1}{2}+\frac{1}{3}+\frac{1}{4}+\cdots$$

という無限和は，足す数 $1/n$ はどんどん小さくなりますが，無限大に発散することが証明できます。

実はこの無限和に関連して，とても不思議で面白い無限和があります。

$$Y = \sum_{n=1}^{\infty} \frac{(-1)^{n-1}}{n} = 1 - \frac{1}{2} + \frac{1}{3} - \frac{1}{4} + \cdots$$

という無限和は，無限和 X の各項に交互に $\pm$ をつけたものですが，こちらは収束します。正確に述べると，第 n 項までの和

$$Y_n = 1 - \frac{1}{2} + \frac{1}{3} - \cdots + \frac{(-1)^{n-1}}{n} = \sum_{k=1}^{n} \frac{(-1)^{k-1}}{k}$$

が $n \to \infty$ のときに極限値を持ちます。なおその極限値は $\log 2$ という数になります：

$$\lim_{n \to \infty} Y_n = \log 2$$

つまり $Y = \log 2$ なのですが，実は Y の項を足す順番を変えると，Y はどんな値にも収束していきます。どんな値でもよいので，たとえば Y を $\pi = 3.141592\cdots$ に収束させたいと思ったとしましょう。次のようなやり方をします。

まず π の値を超えるまで，正の項だけを足し続けます。

$$1 + \frac{1}{3} = 1.3333\cdots$$

$$1 + \frac{1}{3} + \frac{1}{5} = 1.5333\cdots$$

$$\vdots$$

$$1+\frac{1}{3}+\cdots+\frac{1}{149} = 3.1405\cdots$$

$$1+\frac{1}{3}+\cdots+\frac{1}{149}+\frac{1}{151} = 3.1471\cdots$$

π を超えたら，負の項を足してみます．

$$1+\frac{1}{3}+\cdots+\frac{1}{149}+\frac{1}{151}-\frac{1}{2} = 2.6471\cdots$$

すると π を下回りましたので，これに π を超えるまで正の項を足し続けます．

$$1+\cdots+\frac{1}{151}-\frac{1}{2}+\frac{1}{153}+\cdots+\frac{1}{407} = 3.1408\cdots$$

$$1+\cdots+\frac{1}{151}-\frac{1}{2}+\frac{1}{153}+\cdots+\frac{1}{407}+\frac{1}{409} = 3.1432\cdots$$

ここで π を超えたので，2 番目の負の項を足します．

$$1+\cdots+\frac{1}{151}-\frac{1}{2}+\frac{1}{153}+\cdots+\frac{1}{409}-\frac{1}{4} = 2.8932\cdots$$

π を下回ったので，また正の項を足し続けます．

$$1+\cdots+\frac{1}{151}-\frac{1}{2}+\frac{1}{153}+\cdots+\frac{1}{409}-\frac{1}{4}+\frac{1}{411}+\cdots+\frac{1}{673}$$

$$= 3.1418\cdots$$

やり方はわかりましたか？ もう少し続けていくと，

$$\left(1+\cdots+\frac{1}{151}\right)-\frac{1}{2}+\left(\frac{1}{153}+\cdots+\frac{1}{409}\right)-\frac{1}{4}$$

$$+\left(\frac{1}{411}+\cdots+\frac{1}{673}\right)-\frac{1}{6}+\left(\frac{1}{675}+\cdots+\frac{1}{941}\right)-\frac{1}{8}$$

$$+\left(\frac{1}{943}+\cdots+\frac{1}{1207}\right)-\frac{1}{10}$$

$$+\left(\frac{1}{1209}+\cdots+\frac{1}{1575}\right)=3.14206\cdots$$

これを延々と続けていきます。

　正の項と負の項の消費速度には著しい差がありますが，どうせ無限個足してしまうので，結局すべての項が和に参加することになります。後の方になるほど加える項 $(-1)^{n-1}/n$ の絶対値が小さくなることから，π とのずれが小さくなっていって，π に収束していくことがわかります。（このことを示すには，さらに Y の各項の $\pm$ を $+$ としたものである無限和 X が無限大に発散している，という事実も使います。）このようにして，Y を力尽くで任意の値に収束させることができるのです。

　これは我々のなじんでいる世界とは全く様子が違います。数を足すときには，その結果は足す順番にはよりませんでした。

$$2+3 = 3+2 = 5$$

ですよね。無限個のものを足す，ということで，我々の常識が通じない不思議な世界に迷い込むことになってしまいました。

　古代ギリシアの人々が感じていた無限の持つ恐ろしさに，19世紀の人類は再び直面することになりました。しかし無

限をタブーとした古代ギリシアとは違って,19世紀の人々はこのややこしさに正面から立ち向かい,数についての真実を探求する道に進んだのです。

ここでとりあえず,足す順番によって結果が変わってしまう,というややこしさが考察に入り込んでくるのを回避するため,無限和の定義をしてしまいましょう。数列 $\{a_n\}$ によって作られる無限和

$$S = \sum_{n=1}^{\infty} a_n$$

の「意味」は,第1項から第 n 項まで番号の通りに足した部分和

$$S_n = a_1 + a_2 + \cdots + a_n = \sum_{k=1}^{n} a_k$$

を一般項とする数列 $\{S_n\}$ の極限である,と定めます。つまり,番号の通りに足していった結果がその無限和であって,足す順番を入れ替えたものは別物と考えなさい,ということになります。これで足す順番による違いは考えなくて済むことになりました。(上の例で見ると,$Y = \lim_{n\to\infty} Y_n = \log 2$ というのが定義にかなった Y の値ということになりますね。)

こうして,ボールは数列に投げられました。考察すべき問題は,数列の極限です。

数列の極限

数列は,ステップを踏んで物事を考えていくときにとても有効な手法です。たとえば預金金利が5%という(夢のような)金融機関があったとして,そこにお金を預けたときに,

5年後にはどれだけ増えるか,ということを考えてみます。預ける金額を a とします。1年後には利子 $a \times 0.05$ が預金に加わります。1年後の金額を a_1 とおくと,

$$a_1 = a + a \times 0.05 = a(1+0.05)$$

ですね。次の年にはこの a_1 が元金となるので,2年後の金額 a_2 は

$$a_2 = a_1 + a_1 \times 0.05 = a_1(1+0.05) = a(1+0.05)^2$$

となります。同様に考えていくと,5年後の金額 a_5 は

$$a_5 = a(1+0.05)^5$$

となることがわかります。はじめに預ける金額 a からいきなり5年後の金額 a_5 を求めるのはなかなか難しいと思いますが,1年ごとに $a_1, a_2, \cdots$ と考えていくと,自然に a_5 が求められます。

数列の力を実感できるもう1つの例として,方程式の解を求めるニュートン法という技法を紹介しましょう。たとえば3次方程式

$$x^3 - 3x^2 - x + 5 = 0$$

を考えます。左辺の3次式を $f(x)$ とおきます。

$$f(x) = x^3 - 3x^2 - x + 5$$

この $f(x)$ について,

$$f(2) = -1 < 0, \ f(3) = 2 > 0$$

が簡単にわかるので、グラフ $y=f(x)$ は $x=2$ と $x=3$ の間で x 軸を横切ることがわかります。つまり $2<x<3$ の範囲に、少なくとも 1 つ $f(x)=0$ の解があります。より精密に、

$$f(-2) = -13 < 0, \ f(0) = 5 > 0$$

にも注意するなら、解は $-2<x<0$ の範囲と $0<x<2$ の範囲にも存在することがわかるので、3 つの区間にそれぞれ 1 個の解があることがわかります。(3 次方程式の解は 3 個までしかないことを使いました。)

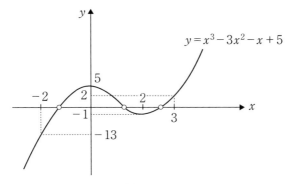

図 5.1

さてそれでは、$2<x<3$ の範囲にある解を求めようと思います。どこでもよいのですが、解と思われる値の近くに 1 つ目の x の値 a_1 を取ります。たとえば $a_1=3$ と取りましょう。次にグラフ $y=f(x)$ の $x=a_1 (=3)$ における接線を求め、そ

の接線と x 軸との交点の x 座標を a_2 とします。具体的には，接線の傾きは微分 $f'(3)=8$ で与えられ，接線が点 $(3, f(3))=(3, 2)$ を通るということから，接線の方程式

$$y - 2 = 8(x - 3)$$

が得られ，$y=0$ とおいて x について解くことで

$$a_2 = \frac{11}{4}$$

が得られます。次に a_1 の代わりに a_2 から始めて同じことをすると，

$$a_3 = \frac{445}{166}$$

が得られます。以下この作業を続けていくと，$a_1, a_2, a_3, \cdots$ という数列はどんどん解に近づいていくことになります。その様子は図 5.2 をご覧下さい。つまりこの数列 $\{a_n\}$ の極限が，求める方程式の解となります。

このように解を求める方法をニュートン法といいますが，ニュートン法の主眼は数列 $\{a_n\}$ の極限として解を求めることではなく，解を近似する $\{a_n\}$ という数列を作るところにあります。a_n の値は 1 次方程式を解くことで確実に得られますから，解の近似値として具体的な数が手に入り，しかも n を大きくするといくらでも精度のよい近似値が得られる，というのがありがたいところです。

ここに数列の大きな役割があります。何か知りたい数（扱

5 実数と関数

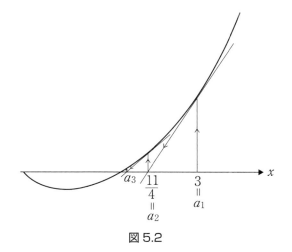

図 5.2

いたい数）α があって，しかし α を具体的に書くことはできていないというときに，具体的に書ける数からなる数列 $\{a_n\}$ で α にどんどん近づいていくものがあれば，α のいくらでも精度の高い近似値が具体的に手に入ることになって，実質的に α を扱えることになります。

そこで，数列 $\{a_n\}$ がある数 α にどんどん近づいていく，ということをきちんと定式化しましょう。数列 $\{a_n\}$ が数 α にどんどん近づいていくというのはちょっと非公式の言い方で，公式には $\{a_n\}$ は α に**収束する**，とか，$\{a_n\}$ の**極限**が α である，といいます。その定義は

(A) $\qquad\qquad |a_n - \alpha| \to 0 \quad (n \to \infty)$

153

で,つまり n を大きくすればするほど a_n と α の間の距離がいくらでも小さくなっていく,ということです。このとき

$$\lim_{n \to \infty} a_n = \alpha$$

と表します。たとえばこの章のはじめに

$$\lim_{n \to \infty}\left(1-\frac{1}{2^n}\right) = 1$$

というのを断りなしに書きましたが,これは n が大きくなれば $1/2^n$ がいくらでも小さくなるので,カッコの中と1との距離がいくらでも小さくなることを述べています。

定義(A)で,何となく数列の収束というのがわかるのではないかと思いますが,→0 とか →∞ という矢印が正確には何を意味しているのか,はっきりしない気もします。「→0」は0に限りなく近づく,「→∞」は限りなく大きくなる,ということを表していますが,「限りなく」というのは無限ということで,無限の持つ曖昧さがここに混入してきています。

ところで古代ギリシアの人々は,このような無限を排除して曖昧さを取り除く術をすでに持っていました。第1章で紹介したアルキメデスの議論を思い浮かべて下さい。そのやり方に倣うと,定義(A)から矢印(無限)を排除した定義を導くことができます。その定義を述べましょう。

正の数 ε(イプシロン)を勝手に取ります。ε はどんなに小さくても(大きくても)構いません。この ε に対して,あ

る番号（自然数）N 以降の n であれば必ず a_n と α の距離が ε でおさえられる，というふうになっているとき，$\{a_n\}$ は α に収束すると定義します。

この定義を少し丁寧に繰り返しましょう。まず勝手な $\varepsilon>0$ を取ります。すると ε に応じて自然数 N が取れて，

$$n \geqq N$$

であれば

$$|a_n - \alpha| < \varepsilon$$

が成り立つ，ということです。

$\varepsilon>0$ がどんなに小さくてもよいので，$|a_n-\alpha|<\varepsilon$ は $|a_n-\alpha|\to 0$ の部分を担当しています。「$\to 0$」という表現は 0 に近づいていくという動きを表していて，動くものは把握しにくいのですが，誤差の限界 ε を明記することで止まった状態でものを考えられるようになります。

また $n>N$ は $n\to\infty$ の部分を担当しています。ある番号 N 以降についてはどの n についても（$|a_n-\alpha|<\varepsilon$ が）成り立つ，ということで，n がどんどん大きくなるという動きを止まった N で表現しているのです。

このように，新しい定義は確かに無限（動き）を排除しています。これで実質的に（A）と同じことになっているのか，確認してみましょう。ε は何でもよいので，$k=1,2,3,\cdots$ に対して $\varepsilon_k=1/k$ を取りましょう。そうすると各 ε_k に対して自然数 N_k が取れて，$n>N_k$ をみたすすべての n に対して

$$|a_n - \alpha| < \varepsilon_k = \frac{1}{k}$$

が成り立ちます。ここで N_k について少し考えてみます。$k<j$ とするとき，$n>N_k$ なら $|a_n-\alpha|<1/k$ が成り立ち $n>N_j$ なら $|a_n-\alpha|<1/j$ が成り立ちますが，$1/j<1/k$ ですから，$n>N_j$ であれば $|a_n-\alpha|<1/k$ も成り立っています。並べて書くと，

$$n > N_k \;\Rightarrow\; |a_n-\alpha| < \frac{1}{k}$$

$$n > N_j \;\Rightarrow\; |a_n-\alpha| < \frac{1}{j} < \frac{1}{k}$$

というわけですから，$n>N_j$ なら $n>N_k$ としたことにもなっていると考えてよいでしょう。そうすると $N_k \leqq N_j$ となっているように取るのが自然です。つまり，

$$\varepsilon_1 > \varepsilon_2 > \cdots > \varepsilon_k > \cdots \to 0$$

という ε の系列と，

$$N_1 \leqq N_2 \leqq \cdots \leqq N_k \leqq \cdots \to \infty$$

という N の系列があって，$n>N_k$ なら $|a_n-\alpha|<\varepsilon_k$ というわけだから，確かに $n\to\infty$ のときに $|a_n-\alpha|\to 0$ になっていると言えます。

1つ例を挙げます。

$$a_n = \frac{2n-3}{3n+1}$$

という数列 $\{a_n\}$ を考えましょう。高校数学のやり方で極限を求めると,

$$\lim_{n\to\infty} a_n = \lim_{n\to\infty} \frac{2-\dfrac{3}{n}}{3+\dfrac{1}{n}} = \frac{2}{3}$$

となります。分母分子を n で割って $1/n \to 0$ ($n\to\infty$) に持ち込むのがポイントです。このように極限はわりと簡単に求められますが,これをいまの定義に当てはめてみましょう。$\alpha = 2/3$ と a_n との距離を測ります。

$$|a_n - \alpha| = \left|\frac{2n-3}{3n+1} - \frac{2}{3}\right| = \left|\frac{(2n-3)\times 3 - 2\times(3n+1)}{(3n+1)\times 3}\right|$$
$$= \frac{11}{3(3n+1)}$$

これが ε より小さくなるためには,n はどれくらい大きくなければならないか,というふうに考えます。不等式

$$\frac{11}{3(3n+1)} < \varepsilon$$

を n について解くと,

$$\frac{1}{9}\left(\frac{11}{\varepsilon} - 3\right) < n$$

となるので,自然数 N を

$$\frac{1}{9}\left(\frac{11}{\varepsilon}-3\right) < N$$

となるように取れば

$$n > N \implies |a_n - \alpha| < \varepsilon$$

が確かに成り立ちます。

この例はなかなか示唆的ですね。高校数学のやり方をすると,$\{a_n\}$ の極限が $2/3$ となることが発見できます。一方後半の ε を使ったやり方では,極限 $2/3$ の値があらかじめわかっていることが必要です。つまり収束の定義は,極限がどういう値になるかということを教えてはくれないのです。

では高校数学のやり方が万能かというと,ニュートン法のところで見たように,数列 $\{a_n\}$ は何らかの値には収束するのだがその極限の値はわからない,という場合があり,実はそのような場合が圧倒的に多いのです。だからこそ,その極限の近似値として使える数列 $\{a_n\}$ が役に立つのです。

さていよいよ,問題の本質が見えてきました。数列はその極限を知り,扱うための有用な道具です。特に極限が具体的にわからない場合にこそ数列は役立ちます。ところが定義によると,その数列がその極限に収束するかどうかは極限がわからないと判定できないのです。したがってこの堂々巡りを断ち切って,数列が威力を発揮するためには,

> 極限を知らなくても数列 $\{a_n\}$ が収束するかどうかを判定する方法

が必要となります。

ここで登場するのがコーシー列という概念です。数列 $\{a_n\}$ が α に収束しているとき、n が大きければどの a_n も α に近いので、a_n 同士の距離も近くなっています。この性質を収束する数列の特徴ととらえるのがコーシー列の考え方です。

正確な定義は次の通りです。数列 $\{a_n\}$ が**コーシー列**であるとは、

(C) $$|a_m - a_n| \to 0 \quad (m, n \to \infty)$$

が成り立つこと。矢印を使わない方の定義では、任意の正の数 ε に対してある番号 N が取れて、

$$m, n > N$$

であれば

$$|a_m - a_n| < \varepsilon$$

が成り立つようにできるとき、コーシー列といいます。コーシー (1789〜1857) はフランスの数学者で、解析学の基礎付けや、後の章で述べますが複素解析の分野で圧倒的な仕事を成し遂げました。そのためコーシーの名を冠する定理や概念がたくさんあって、コーシー列もその１つです。

コーシー列は、収束する数列がみたす性質を取り出した概

念でしたが,実際に収束する数列がコーシー列になることを確かめておきましょう。数列 $\{a_n\}$ が α に収束しているとします。したがって (A) が成り立っています。このとき

$$|a_m - a_n| = |(a_m - \alpha) - (a_n - \alpha)| \leq |a_m - \alpha| + |a_n - \alpha| \to 0$$
$$(m, n \to \infty)$$

となるから (C) が成り立つ,ということになります。

さて問題は,逆にコーシー列は何らかの数に収束するか,ということです。コーシー列 $\{a_n\}$ では n が大きくなると a_n たちが密集していくので,そこに何らかの極限があるように思えますが,その極限はどんな数でしょうか。それが 0 とか 2/3 のような知っている数ならわかるのですが,数列 $\{a_n\}$ の極限と言うよりほか何とも呼びようのない数になってしまうのではないか。

ここで我々は,これまで数についてまことに曖昧な認識しか持っていなかったことに気付きます。そうです,

> 数とは何か?

という根源的な問題が解決されずに横たわっていたのです。

実数の構築

それまで数について私たちが抱いていたイメージは,次のようなものと思われます。まず

自然数:$1, 2, 3, 4, 5, 6, \cdots$

は，確固たる実体を持つ数として認識されました。さらに 0 が発見され，負の数の存在もわかって，

整数：$\cdots, -3, -2, -1, 0, 1, 2, 3, \cdots$

が認識されました。0 や負の数は，自然数の引き算を考えることで見つかり，自然数の割り算を考えることで有理数が見つかりました。1/2 とか 2/5 といった数です。これらは自然数÷自然数という形をしていましたが，整数が見つかってからは

有理数：整数÷整数

という範囲まで広げて考えることが可能になりました。（ただし分母の整数は 0 以外のものとします。）

　古代ギリシア数学の初期においては，数というと有理数までしか考えることが許されませんでした。これはすべてを有限の範囲で扱いたい，無限を扱うと解決できない恐ろしい逆理が現れて，それまで築いてきた真理の体系が危機にさらされてしまう，という理由からです。古代ギリシア数学を切り拓いたピタゴラス教団では，$\sqrt{2}$ のように有理数ではない数の存在を把握していましたが，それは極秘事項として門外不出の扱いをされていました。古代ギリシアの後期に燦然と現れたアルキメデスは，それらのタブーをものともせず，$\sqrt{2}, \sqrt{3}$ といった平方根や，もっとずっと難しい円周率 π といった数を躊躇なく扱いました。

　それでは次の段階として，有理数以外の数はいったいどれだけあって，それらはどのような数なのか，ということが問

題になりそうに思うのですが,歴史はそのようには進まなかったようです。

高校の数学の教科書などでは,数直線を使った実数の説明があります。数直線というのは直線で,直線上の各点が数に対応していると考えたものです。数直線上には数が並び,数直線上のどの点も何らかの数に対応している,そのような数を総称して実数と呼びます。

$$\begin{array}{c|ccccccccc} & -3 & -2 & -1 & 0 & \frac{1}{2} & 1 \ \sqrt{2} & 2 & 3\ \pi & 4 \end{array}$$

18 世紀頃の実数に対する認識も,おそらくこのようなものだったと思います。実数とは有理数を含む数の体系で,途切れなく詰まっているもの,というようなイメージはあったのだと思います。

ところで,人間がものを認識するときには,ふつう名前をつけます。普段全く見過ごしている野の花や雑草でも,一度その名前を知ると,「あ,ここにあった」と目にとまるようになります。実数についても同様で,1, 2, 3 とか 1/2, 8/5 とか,あるいは $\sqrt{2}, \sqrt{3}$ や π など,名前のついた実数は認識されるのですが,それでは実数を認識したことにはなりません。つまり 18 世紀までは,有理数以外の実数があることはわかっていて,例を挙げろといわれたらいくつでも挙げられるけれど,実数そのものの認識は実はできていなかったと思われます。それでも代数学・幾何学・解析学を展開するには十分で,数学は健全に発展してきました。しかしフーリエの仕事をはじめとして,時代が「実数とは何か」という問いを浮かび上

がらせ，答えを求めてきたのです．

それでは実数を構築しましょう．方針は，コーシー列が必ず極限を持つようにすることです．我々は有理数はきちんと把握できているので，コーシー列としては有理数からなるもの，つまり各 a_n が有理数であるようなコーシー列 $\{a_n\}$ を考えることにします．

さて実数の作り方ですが，そのような有理数からなるコーシー列そのものを1つの実数であると定義してしまいます．つまり，1つのコーシー列が極限として1つの実数を定めるなら，そのコーシー列自身がその（極限の）実数であるとすればよいだろう，という考え方です．「え，そんなのありか！」というような意表を突く大胆なやり方ですが，このやり方は実は我々になじみのもので（それについては後ほど説明します），数学的にも大変自然な発想なのです．

有理数からなるコーシー列を実数と定める

この定義をもう少し精密に述べましょう．1つのコーシー列を1つの実数と考えるのはよいのですが，違うコーシー列が同じ実数を極限に持つことがあります．たとえば

$$\lim_{n \to \infty} \frac{1}{n} = 0, \quad \lim_{n \to \infty} \frac{1}{2^n} = 0$$

ですから，$\{1/n\}$ と $\{1/2^n\}$ は同じ極限 0 を持ちます．0 が2つあるのはおかしいので，この2つのコーシー列は同じ実数である，と考えることにします．一般に2つのコーシー列 $\{a_n\}, \{b_n\}$ が同じ実数かどうか，ということは，その極限を表

に出して述べることができないので，

(E) $\qquad |a_m - b_n| \to 0 \quad (m, n \to \infty)$

となっている時に同値であると定義して，同値なコーシー列は同じ実数を定める，と規約します。

さあ，これで実数の定義が完了です。この定義に基づいて，実数とはどのようなものかということを調べていきましょう。

(1) 有理数は実数である：

r を有理数としましょう。すべての項が r であるような数列 $r, r, r, \cdots$ は明らかにコーシー列ですから，1つの実数を定めます。一方この数列の極限は r ですから，このコーシー列が定める実数とは r を指すのだと考えます。この解釈によって，有理数は実数となります。

(2) 大小関係：

2つのコーシー列 $\{a_n\}, \{b_n\}$ が違う実数だとしましょう。コーシー列であることから n が大きいと a_n たちは a_n たちで集中し，b_n たちは b_n たちで集中しています。また違う実数ということから，規約 (E) によれば m, n が大きいと a_m と b_n はある程度は離れています。したがって大きな m, n に対しては，どの a_m もどの b_n より小さいか，逆にどの a_m もどの b_n より大きいか，のいずれかが成り立ちます。前者の場合には，実数 $\{a_n\}$ は実数 $\{b_n\}$ より小さい，後者の場合には大きい，と定義することで，実数の間に大小関係を定めることが

できました。

(3) 四則演算：

2つの実数は足したり引いたり掛けたり割ったりできます。足し算について説明しましょう。2つの実数 $\{a_n\}, \{b_n\}$ を持ってきます。a_n, b_n は有理数だから，足すことができますね。その結果 a_n+b_n はもちろん有理数です。そして，$\{a_n\}, \{b_n\}$ がコーシー列であることから

$$|(a_m+b_m)-(a_n+b_n)| = |(a_m-a_n)+(b_m-b_n)|$$
$$\leq |a_m-a_n|+|b_m-b_n| \to 0 \quad (m, n\to\infty)$$

が得られ，和 a_n+b_n を項とする数列 $\{a_n+b_n\}$ もコーシー列になることがわかります。つまりこの数列 $\{a_n+b_n\}$ は実数となるのです。その実数を $\{a_n\}$ と $\{b_n\}$ の和と定義しましょう。引き算，掛け算，割り算についてもほぼ同様に定義できます。つまり実数の四則演算を行いたければ，対応する数列の項の間の四則演算を考えればよい，ということですね。

こうして実数は有理数を含む数の体系で，有理数の持っていた大小関係・四則演算という構造を保つものであることがわかりました。実数の全体の集合を，$\mathbb{R}$ という記号で表します。さて実数には，有理数にはなかった重要な性質があります。それは完備性と呼ばれる性質で，実数の性質のうちで最も著しいものです。節をあらためて紹介しましょう。

実数の完備性

有理数からなるコーシー列は必ずしも有理数の範囲に極限を持つわけではない，というのが実数を構築する出発点でした。そこで，「有理数からなるコーシー列の極限をすべて有理数に付け加えてしまえ」ということで作ったのが実数です。そのように作った実数には，大小関係と四則演算が定義できましたので，実数からなる数列に対してもコーシー列の条件（C）を考えることができます。つまり実数からなるコーシー列というものが考えられます。その極限は実数の範囲に入るでしょうか。

もし入らないとすると，さらに実数の範囲を広げて超実数のような数の体系を作らなければなりません。その超実数についてもコーシー列が考えられるので，その極限は超実数の範囲に入るか，という問題がまた現れ，入らないとするとさらに超超実数を考えて……と，果てしなく旅は続きます。

そんなことはなくて，実数からなるコーシー列は実数の範囲に極限を持つ，というのが実数の完備性です。

完備性：実数からなるコーシー列は実数の範囲に極限を持つ

つまり実数は極限を取るという操作に関して閉じた存在である，ということです。これを証明しましょう。

実数からなるコーシー列 $\{\alpha_n\}$ を考えます。各項 α_n は実数ですから，有理数からなるコーシー列 $\{a_{nk}\}_{k=1}^{\infty}$ で与えられます。その様子を書くと，

$$\alpha_1 = \{a_{11}, a_{12}, a_{13}, a_{14}, a_{15}, \cdots\}$$

$$\alpha_2 = \{a_{21}, a_{22}, a_{23}, a_{24}, a_{25}, \cdots\}$$
$$\alpha_3 = \{a_{31}, a_{32}, a_{33}, a_{34}, a_{35}, \cdots\}$$
$$\alpha_4 = \{a_{41}, a_{42}, a_{43}, a_{44}, a_{45}, \cdots\}$$
$$\alpha_5 = \{a_{51}, a_{52}, a_{53}, a_{54}, a_{55}, \cdots\}$$
$$\vdots$$

という具合です．さてここで，対角線に現れる有理数を拾い出した数列を考えましょう．

$$\boxed{a_{11}}, a_{12}, a_{13}, a_{14}, a_{15}, \cdots$$
$$a_{21}, \boxed{a_{22}}, a_{23}, a_{24}, a_{25}, \cdots$$
$$a_{31}, a_{32}, \boxed{a_{33}}, a_{34}, a_{35}, \cdots$$
$$a_{41}, a_{42}, a_{43}, \boxed{a_{44}}, a_{45}, \cdots$$
$$a_{51}, a_{52}, a_{53}, a_{54}, \boxed{a_{55}}, \cdots$$
$$\vdots$$

この数列 $\{a_{nn}\}$ は有理数からなるコーシー列で，n が大きくなると α_n との距離がいくらでも小さくなることがわかります．したがって実数 $\{a_{nn}\}$（これは有理数からなるコーシー列ですから確かに実数です）が実数列 $\{\alpha_n\}$ の極限であることになって，実数からなるコーシー列は実数の中に極限を持つことがわかりました．

完備性は，コーシー列がいつでも極限を持つことを指す概念で，非常に重要な性質です．有理数は完備ではありません．それは有理数からなるコーシー列の極限が必ずしも有理数にはならないからです．一方有理数からなるコーシー列で

作った実数（の全体）は完備になりました。このことを，

実数は有理数の完備化である

と言います。完備な数の体系「実数」が得られ，解析学の盤石の土台が築かれました。

実数の連続性

　実数の連続性とは，実数が隙間なく連なっていることです。何を示せば連続性を示したことになるか，ということをまず考えてみます。どんな狭い隙間にも数が入っているというだけでは，連続性を示したことにはなりません。たとえば有理数の全体 $\mathbb{Q}$ を考えると，2つの有理数 a, b が非常に近くてその間の隙間がとても狭くても，その狭い隙間に a と b の中点 $(a+b)/2$ は入っていてこの数は有理数です。しかし $\sqrt{2}$ のように有理数ではない数が（2つの有理数1と2の間に）あるので，$\mathbb{Q}$ は連続性を持ちません。

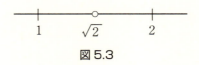

図 5.3

　$\mathbb{Q}$ には（たとえば）$\sqrt{2}$ のところに穴が空いているので連続性が成り立たないと考えると，穴が空いていないということが連続性の証と考えられます。

　穴が空いていないというのは感覚的な言い方ですので，さらに数学的に定式化しましょう。実数全体 $\mathbb{R}$ を2つの部分

A と B に分けます。ただし A から勝手に a を持ってきて B から勝手に b を持ってきたとき,常に $a<b$ が成り立つようにします。つまり A は B の左側に来るようにして,A と B を合わせると $\mathbb{R}$ になるようにするのです。もし $\mathbb{R}$ のどこかに穴が空いていれば,その穴を境に左側を A,右側を B とすると,A には最大値がなく B には最小値がない,ということになります。したがって穴が空いていないことをいうには,どのような A, B の取り方をしても,A に最大値があるか B に最小値があるかいずれかが成り立つ,ということを言えばよいのです。

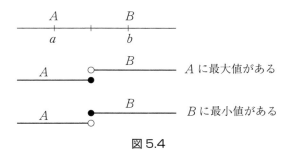

図 5.4

そのためには

> 上に有界な単調増加数列は必ず極限を持つ

ということを示せばよいでしょう。ここで「単調増加数列」とはだんだん大きくなる数列,つまり

$$a_1 \leqq a_2 \leqq a_3 \leqq \cdots$$

となっているような数列のことです。また上に有界とは，何かある数 M があって，その数列のすべての項が M より小さいということです。つまり，上に有界な単調増加数列とは

$$a_1 \leqq a_2 \leqq a_3 \leqq \cdots \leqq a_n \leqq \cdots \leqq M$$

というような数列のことです。A の元で A と B の境目にどんどん近づく単調増加数列を作ることができます。それは上に有界なので，このことが示されれば極限が実数の範囲に存在します。それが A に属していようが B に属していようが，A と B の境目にある数になるわけですから，そこに穴は空いていないことがわかるのです。

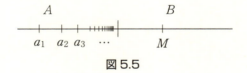

図 5.5

そこで，上に有界な単調増加数列がコーシー列になることを示しましょう。もしそうでないとすると，どんなに番号が先の方にいっても，お互いにある程度の距離だけ離れている項が存在します。つまりある正の数 δ があって，また無限個の番号 $n_1, n_2, n_3, \cdots$ があって，

$$|a_{n_1}-a_{n_2}| \geqq \delta, |a_{n_2}-a_{n_3}| \geqq \delta, |a_{n_3}-a_{n_4}| \geqq \delta, \cdots$$

ということが起こっています（δ：デルタ）。番号が $n_1 < n_2 < n_3 < \cdots$ というように並べられているとすると，単調増加ということから

$$a_{n_2} \geq a_{n_1}+\delta, a_{n_3} \geq a_{n_2}+\delta, a_{n_4} \geq a_{n_3}+\delta, \cdots$$

となりますね。このことから

$$a_{n_3} \geq a_{n_1}+2\delta, a_{n_4} \geq a_{n_1}+3\delta, \cdots$$

となるので,

$$a_{n_k} \geq a_{n_1}+(k-1)\delta$$

が $k=2, 3, \cdots$ に対して成り立ちます。これで k をどんどん大きくすると, δ は小さい数かもしれませんが, いつかは a_{n_k} が M を超えることになってしまいます。これはすべての項が M 以下になることに反するのでおかしい, したがって数列 $\{a_n\}$ はコーシー列であったことがわかりました。

コーシー列は実数の範囲に必ず極限を持つので, 数列 $\{a_n\}$ は確かに極限を持ち, これで実数の連続性が示されました。このことから, 直線には隙間なく点が詰まっていますから, 数直線が実数を表すモデルとして適切であることがわかります。また, 実数の連続性は, 実数の完備性からの帰結であることもわかりました。

実数を認識すること

実数とは有理数からなるコーシー列のことである, と定義しました。この定義をうまく読み替えると, 実数を具体的に把握することができます。

有理数をはじめ, いろいろな数は小数展開できます。

$$\frac{1}{3} = 0.33333\cdots$$

$$\frac{1}{5} = 0.2$$

$$\frac{1}{7} = 0.142857142857142857\cdots$$

$$\pi = 3.14159265358\cdots$$

$$e = 2.7182818284\cdots$$

これらの小数展開は，有理数からなるコーシー列と見ることができます。小数は，整数 a_0 と，0 から 9 までの整数 $a_1, a_2, a_3, a_4, \cdots$ を用いて

$$a_0.a_1a_2a_3a_4\cdots$$

というように表されます。これを小数第 n 位で打ち切った

$$b_n = a_0.a_1a_2\cdots a_n$$

はもちろん有理数です。そして $m<n$ とするとき

$$|b_m - b_n| = 0.00\cdots 0 a_{m+1}\cdots a_n < \frac{1}{10^m}$$

ですから，m, n を大きくすれば $|b_m - b_n|$ はいくらでも小さくでき，したがって $\{b_n\}$ はコーシー列となります。したがって $\{b_n\}$ は実数となるのですが，これはすなわち元の小数が実数を表しているということです。

あらゆる実数は小数展開できる，ということも示せます。

証明の概略を述べますと,有理数からなるコーシー列 $\{a_n\}$ に対して,有理数である各項 a_n を小数展開します.コーシー列であることから,番号 m, n が大きいと,$|a_m - a_n|$ は非常に小さくなるので,それぞれの小数展開のある位数のところまでの数字は一致してなくてはなりません.

$$a_m = p_0.p_1 p_2 p_3 \cdots p_k p_{k+1} \cdots$$
$$a_n = q_0.q_1 q_2 q_3 \cdots q_k q_{k+1} \cdots$$

としたとき,$|a_m - a_n|$ が小さいならば $p_0 = q_0, p_1 = q_1, \cdots, p_k = q_k$ がある k のところまでは成り立つことになります.m, n をどんどん大きくしていくと,小数展開が一致する位数もどんどん後ろの方になっていくので,こうして確定する小数展開が実数 $\{a_n\}$ を表すものと考えられるのです.

こうして,

実数とは(無限)小数である

ということがわかりました.つまり実数は抽象的に構築したのですが,できたものは我々になじみの(無限)小数の集まりであった,ということです.

しかし,小数と聞くとよくわかったような気になりますが,実数を認識するというのはよく考えると大変難しいことなのです.どうして難しいかというと,実数には 1 つ 1 つに名前をつけることができないからです.名前がつけられないものを認識するというのは,それまで人類が(おそらく)経験したことのない,新しい認識活動のステージではないかと

思われます。

> 実数に名前をつけることはできない

この意味を正確に述べますと，実数すべてに一斉に名前をつけることはできない，となります。

名前をつけるというのは，数学的には，番号を振るということと同等です。人にも町にも花にも虫にも，いろいろなものに名前がつけられていますが，たとえば花について，現在つけられている名前をすべて集めても（かなり多いでしょうが）有限個です。したがってすべての名前に順に $1, 2, 3, \cdots$ と番号を振っていくことができて，名前によって花を区別するのは，振られた番号で区別することで代用できます。

番号を振るということは，自然数によって識別するということです。ということは，番号を振ることのできるものの集まり（集合）は，自然数全体の集合（それを $\mathbb{N}$ という文字で表します），あるいはその部分集合と，1対1に対応するものということになります。特に興味があるのは無限集合の場合です。自然数全体の集合 $\mathbb{N}$ と1対1に対応するような集合を，**可算集合**といいます。つまり可算集合とは，その要素1つ1つに名前をつけられるような（無限）集合のことです。

例を見てみましょう。$\mathbb{N}$ 自身はもちろん可算集合ですが，$\mathbb{N}$ を真に含む整数全体の集合 $\mathbb{Z}$ も実は可算集合です。これは，

$$\mathbb{N}: \quad 1 \quad 2 \quad 3 \quad 4 \quad 5 \quad 6 \quad 7 \quad 8 \quad 9 \quad \cdots$$
$$\mathbb{Z}: \quad 0 \quad 1 \quad -1 \quad 2 \quad -2 \quad 3 \quad -3 \quad 4 \quad -4 \quad \cdots$$

というように，$\mathbb{N}$と$\mathbb{Z}$の間に1対1の対応がつけられるからです。この対応を見ると，自然数全体$\mathbb{N}$と1対1の対応がつくということは，その集合の要素を1列に並べられるということと同じであることがわかりますね。

ここで少し一般的な性質を見ておきましょう。まず可算集合の部分集合で無限集合であるものは，可算集合です。これは元の可算集合の要素を1列に並べておいてから，部分集合に属さない要素をスキップして並べ直せばよいからです。また，いくつかの可算集合$A, B, \cdots, C$の直積集合$A \times B \times \cdots \times C$も可算集合になります。直積集合というのは，

$$A \times B \times \cdots \times C = \{(a, b, \cdots, c) \mid a \in A, b \in B, \cdots, c \in C\}$$

で定義されるもので，$A, B, \cdots, C$の要素を並べてできるベクトル全体の集合のことです。可算集合2個の場合に説明しますと，A, Bの要素をそれぞれ1列に並べたものを

$$a_1, a_2, a_3, a_4, a_5, \cdots$$
$$b_1, b_2, b_3, b_4, b_5, \cdots$$

とするとき，$A \times B$の要素を

$$
\begin{array}{ccccc}
(a_1,b_1) \to (a_1,b_2) & (a_1,b_3) \to (a_1,b_4) & (a_1,b_5) \\
\swarrow \quad \nearrow & \swarrow \quad \nearrow & \\
(a_2,b_1) \quad (a_2,b_2) & (a_2,b_3) \quad (a_2,b_4) & (a_2,b_5) \\
\downarrow \nearrow \quad \swarrow & \nearrow & \\
(a_3,b_1) \quad (a_3,b_2) & (a_3,b_3) \quad (a_3,b_4) & (a_3,b_5) \\
\swarrow & \nearrow & \\
(a_4,b_1) \quad (a_4,b_2) & (a_4,b_3) \quad (a_4,b_4) & (a_4,b_5) \\
\downarrow \nearrow & & \\
(a_5,b_1) \quad (a_5,b_2) & (a_5,b_3) \quad (a_5,b_4) & (a_5,b_5)
\end{array}
$$

というように1列に並べることができます。したがって $A \times B$ も可算集合になります。

これらの性質を使うと、有理数全体の集合 $\mathbb{Q}$ も可算集合であることがわかります。なぜなら有理数は2つの整数の比ですから、分母の整数と分子の整数を並べたベクトル (p, q) を考えると、$\mathbb{Q}$ は整数の直積集合 $\mathbb{Z} \times \mathbb{Z}$ の部分集合と見なすことができるからです。というわけで、有理数は可算集合をなし、したがって有理数には一斉に名前をつけられることがわかりました。もっとも、「3分の2」とか「7分の22」というように、我々はすでに有理数1つ1つを名前で呼んでいますので、有理数に一斉に名前をつけられるというのは当たり前といえば当たり前のことですね。

さて、その有理数から完備化という手法で構成された実数は、可算集合とはなりません。証明は以下の通りです。

実数が可算集合であったとします。するとすべての実数を1列に並べることができるので、並べたものを

$$\alpha_1, \alpha_2, \alpha_3, \alpha_4, \alpha_5, \cdots$$

とおきます。また実数は小数展開できましたから，各 α_n を小数展開して，

$$\alpha_1 = a_{10}.a_{11}a_{12}a_{13}a_{14}a_{15}\cdots$$
$$\alpha_2 = a_{20}.a_{21}a_{22}a_{23}a_{24}a_{25}\cdots$$
$$\alpha_3 = a_{30}.a_{31}a_{32}a_{33}a_{34}a_{35}\cdots$$
$$\alpha_4 = a_{40}.a_{41}a_{42}a_{43}a_{44}a_{45}\cdots$$
$$\alpha_5 = a_{50}.a_{51}a_{52}a_{53}a_{54}a_{55}\cdots$$
$$\vdots$$

となったとしましょう。このとき 0 から 9 の間の整数 $b_1, b_2, b_3, b_4, b_5, \cdots$ を

$$b_1 \neq a_{11}, b_2 \neq a_{22}, b_3 \neq a_{33}, b_4 \neq a_{44}, b_5 \neq a_{55}, \cdots, b_n \neq a_{nn}, \cdots$$

となるように選びます。さらに整数 b_0 を勝手に選んで，実数

$$\beta = b_0.b_1b_2b_3b_4b_5\cdots b_n\cdots$$

を作りましょう。このように β を定めると，β はどの α_n とも少なくとも 1 ヵ所小数展開の数字が異なるので，一致しません[1]。すべての実数を 1 列に並べたはずなのに，その列に

---

[1] 例外的に，0.9999…＝1 のように異なる小数展開が同じ数を与えることが起きます。これはある位数から先がすべて 9 のものとすべて 0 のものの間でだけ起こる現象なので，b_n を選ぶときに 0 と 9 を避けるようにしておけば，この例外にかかることなく議論は成立します。

入っていない実数が存在するという矛盾に到達したので，すべての実数が1列に並べられるという設定が間違っていたことになります。こうして実数は可算集合ではないことが証明できました。

≈≈≈≈≈≈≈≈≈ Tea break ≈≈≈≈≈≈≈≈≈

♣　こうして我々は，それまでの牧歌的な数学と決別し，名前をつけられない実数というものを相手にする新しいステージに進みました。名前をつけられるものを相手にするときは，順に調べていくという手法（数学的帰納法も含む）が使えたのですが，名前をつけられない相手に対しては，基本的には論理で攻めていくほかありません。そうなると，我々の拠って立つ論理がきちんと矛盾なく整合しているものなのか，という根源的な問題に直面することになり，19世紀から20世紀にかけての数学はこの土台基礎部分の追究に向かわざるを得ませんでした。そこで我々は底知れぬ深淵を見ることになり，古代ギリシア人が恐れたものよりずっと深刻な逆理に遭遇してしまったのです。

　一方で実数は実に自然で必然性のある存在と考えられ，健全にも人類は，そのような逆理のために実数を捨て去るという選択肢を取りませんでした。そのために生じる困難は逞しく引き受けて，前に進んでいこう，というのが現代数学の姿です。

◇　実数の構築，その非可算性の証明など，このような研究

で中心的な役割を果たしたのはカントール（1845〜1918）というドイツの数学者です。彼の仕事がもたらした数学の深淵は，多くの数学者を不安にさせ，そのため彼の業績は正当に評価されないこともあったようです。そのようなこともあってか，また彼自身が覗いた深淵の恐ろしさもあったのでしょうか，カントールは心の病を患い失意のうちに生涯を閉じたそうです。

♡　有理数を完備化して実数を構築しましたが，その際，2つの数 a, b が近いということを，差の絶対値 $|a-b|$ が小さいということで測りました。ところで有理数の間の距離としては，このほかに p 進距離と呼ばれるものが定義できます。p は素数で，$a, b \in \mathbb{Q}$ の間の p 進距離とは，$a-b$ を既約分数に書いたときに分母あるいは分子が p で何回割れるか，ということに基づいて定まるものです。（ここでは正確な定義は述べません。）p 進距離によって近さを測り，それによって有理数を完備化することもできて，その結果，実数 $\mathbb{R}$ とはまったく別の数の体系 $\mathbb{Q}_p$ が得られます。$\mathbb{Q}_p$ は p 進数体と呼ばれます。p 進数体は整数の研究など，代数学において重要な役割を果たしています。

♠　大学で専門の数学を学んだ方の中には，実数の定義としてデデキント切断というやり方を教わった方が多いのではないかと思います。デデキント切断は面白い考え方で，フランスの解析学の教科書（解析教程）の多くに採用されたせいか，いまでも日本をはじめいろいろな国の大学の講義で実数を定

義するときに採用されているようです。デデキント切断による実数の定義には長所もあるのですが、私はデデキント切断を用いて研究している解析学の研究者を知りません。一方コーシー列の方は、解析学の研究においてごく日常的に使われています。また上で述べた p 進数体とか、後で述べることになるヒルベルト空間など、コーシー列が中心的な役割を果たす研究対象は豊富にあります。そのような理由で、本書ではコーシー列を用いた実数の定義を採用しました。

≈≈≈≈≈≈≈≈≈ ≈≈≈≈≈≈≈≈

ここで、1つの重要な例を紹介します。コーシー列を用いた考察が役に立つことを実感できることと思います。(解析学における標準的な議論をしますが、大変そうだなと思う場合はスキップしていただいても構いません。)

例 5.1 任意の実数 a に対して、無限和

$$\sum_{n=0}^{\infty} \frac{a^n}{n!} = 1 + \frac{a}{1!} + \frac{a^2}{2!} + \cdots + \frac{a^n}{n!} + \cdots$$

は収束する。

$a=0$ のときに収束することは明らかですから (2番目以降の項がすべて 0 になるから)、$a>0$ のときと $a<0$ のときを考えます。

$a>0$ とします。a が大きな数だと a^n はすごく大きくなり

ますが，n が大きくなるといつかは $n!$ の方が大きくなります．それは次のように見るとわかります．

$$\frac{a^n}{n!} = \frac{a \cdot a \cdot \cdots \cdot a \cdot a}{1 \cdot 2 \cdot \cdots \cdot (n-1) \cdot n} = \frac{a}{1} \cdot \frac{a}{2} \cdot \cdots \cdot \frac{a}{n-1} \cdot \frac{a}{n}$$

このように書くと，n が大きくなるといつかは $a < n$ となるので，そうなった後は n が増えるたびに 1 より小さな数が掛けられていく，ということが見えますね．そこで自然数 N を，$a \leq \frac{N}{2}$ となるように取ります．このとき $\frac{a}{N} \leq \frac{1}{2}$ となり，さらに $k > N$ なら $\frac{a}{k} < \frac{1}{2}$ が成り立ちますので，$k > N$ に対して

$$\begin{aligned}
\frac{a^k}{k!} &= \frac{a^N}{N!} \cdot \frac{a}{N+1} \cdot \cdots \cdot \frac{a}{k-1} \cdot \frac{a}{k} \\
&< \frac{a^N}{N!} \cdot \frac{1}{2} \cdot \cdots \cdot \frac{1}{2} \cdot \frac{1}{2} \\
&= \frac{a^N}{N!} \left(\frac{1}{2}\right)^{k-N} \\
&= \frac{(2a)^N}{N!} \left(\frac{1}{2}\right)^k
\end{aligned}$$

が得られます．さて級数の収束はその部分和により定義される数列を調べるのでした．つまり

$$S_n = \sum_{k=0}^{n} \frac{a^k}{k!}$$

が収束することを示せばよいのです．いま求めた不等式を使うと，$n > N$ のとき

$$S_n = \sum_{k=0}^{n} \frac{a^k}{k!}$$

$$= \sum_{k=0}^{N} \frac{a^k}{k!} + \sum_{k=N+1}^{n} \frac{a^k}{k!}$$

$$< \sum_{k=0}^{N} \frac{a^k}{k!} + \sum_{k=N+1}^{n} \frac{(2a)^N}{N!} \left(\frac{1}{2}\right)^k$$

$$= \sum_{k=0}^{N} \frac{a^k}{k!} + \frac{(2a)^N}{N!} \sum_{k=N+1}^{n} \left(\frac{1}{2}\right)^k$$

$$< \sum_{k=0}^{N} \frac{a^k}{k!} + \frac{(2a)^N}{N!} \sum_{k=1}^{\infty} \left(\frac{1}{2}\right)^k$$

$$= \sum_{k=0}^{N} \frac{a^k}{k!} + \frac{(2a)^N}{N!}$$

という不等式が得られます。最後の等号は,この章のはじめに証明した $\sum_{k=1}^{\infty} \left(\frac{1}{2}\right)^k = 1$ を用いました。こうして得られた不等号の右辺は n によらない一定の数なので,数列 $\{S_n\}$ は上に有界であることが示されました。一方 $a>0$ としているので考えている級数の各項は正の数になり,したがって $\{S_n\}$ は(n が増えればより多くの正の数を足すことになるから)単調増加です。さてそうすると,$\{S_n\}$ は上に有界な単調増加数列ですから,実数の連続性のところで示した通り極限を持ちます。これで $a>0$ の場合の級数の収束が示されました。

次に $a<0$ の場合を考えます。このときはコーシー列の見方を使います。部分和からなる数列 $\{S_n\}$ がコーシー列であることを示せばよいので,$m<n$ として $|S_n - S_m|$ を調べましょう。

$$|S_n - S_m| = \left|\sum_{k=0}^{n}\frac{a^k}{k!} - \sum_{k=0}^{m}\frac{a^k}{k!}\right| = \left|\sum_{k=m+1}^{n}\frac{a^k}{k!}\right|$$

ここで級数 $\sum_{n=0}^{\infty}\frac{|a|^n}{n!}$ の助けを借ります。$|a|>0$ だから，この級数が収束することは示したばかりです。するとこの級数に対する部分和

$$T_n = \sum_{k=0}^{n}\frac{|a|^k}{k!}$$

は収束する数列となるので，特にコーシー列になります。これに注意すると，

$$|S_n - S_m| = \left|\sum_{k=m+1}^{n}\frac{a^k}{k!}\right|$$

$$\leqq \sum_{k=m+1}^{n}\frac{|a|^k}{k!}$$

$$= T_n - T_m \to 0 \quad (m, n \to \infty)$$

となって，$\{S_n\}$ がコーシー列であることが示されました。これで $a<0$ の場合の収束も示されました。

関数

関数についても，19世紀になるまでは以前の実数と同じような認識であったと思われます。つまり関数は何か名前で呼べるような対象の集まりである，ということが暗黙のうちに想定されていたようです。たとえば多項式・指数関数・対数関数・三角関数

183

$$x^3-2x+3, e^x, \log x, \sin x, \cos x, \tan x$$

といったもの(これらはまとめて初等関数と呼ばれます)や,それらを組み合わせてできる

$$\cos(x^3-2x+3), e^{\tan x}, \log(\sin^3 x + \cos 4x), \cdots$$

というようなものが関数である,と考えられていて(それ自体は正しいことですが),そうではないような関数というものを意識することがなかったようなのです。非可算集合(名前のつけられないものの集まり)が認識されたのが実数の定義が完成した後ですから,それ以前には,何となく関数にもすべて名前がつけられる,というふうに思われていたのは当然といえば当然のことでしょう。

しかしフーリエの研究には $\sin nx$ ($n=1, 2, 3, \cdots$)の無限和が現れ,その無限和が初等関数をうまく組み合わせることで表される,というようなことはほとんど期待できない状況が明らかになりました。このようなことから,数の場合と同様に,関数についてもきちんと定式化して全体像を把握しようという動きが現れました。

というわけで,現代数学における関数の定義は次のようになっています。まず定義域と呼ばれる数の集合 D が1つ選ばれています。そしてその定義域 D に属するそれぞれの数 x に対して,値と呼ばれる数が1つ決まっているとき,我々は関数が定義されている,と考えるのです。関数を記号 f で表すとき,$x \in D$ に対する値は $f(x)$ と書きます。

5 実数と関数

> 関数＝定義域の各点 x における値 $f(x)$ が決まっている

関数によっては，値 $f(x)$ が x からどうやって決まるのかが記述できる場合があります。たとえば x に対する値が x^2+1 であるような関数などはそうですね。この関数は

$$f(x) = x^2+1$$

と表されます。従来は，このように値 $f(x)$ が x からどうやって決まるかが具体的にわかっているものこそが関数である，というように思われていたと考えられます。しかし現代的な関数の定義においては，値 $f(x)$ が決まっていることだけが関数に求められることで，「どのように決まるか」ということは問題にしません。このような定義の「関数」を認識することには，名前がつけられない実数を認識するのと同質の難しさがあります。

「どのように値が決まるか」が述べられない関数がある，というのは不思議なことに思われますが，次のように考えると説明できます。まず関数全体は非可算無限個あります。それは，定義域の 1 点 a における値としてすべての実数が可能ですから，どの実数を値として指定するか，というのは実数の分だけ，つまり非可算無限個の可能性があります。一方「どのように値が決まるかが述べられる関数」というのは，値の決め方を述べる文章全体が可算無限個しかないので，全体で可算無限個です。したがって「どのように値が決まるか述べられる関数」は，関数全体の中のほんの一部にしかなりません。

このように考えると，関数というのは非常にとらえどころのない茫漠(ぼうばく)とした対象なのですね。したがって単に関数というだけでは，どんな性質を持っているか，どんな振る舞いをするのか，といったことをほとんど述べることができません。そこで，それぞれの問題において関数に期待される性質を定式化し，その性質を持つ関数に限定して問題を考えるということが行われます。たとえば連続という性質があります。$f(x)$ が連続というのは，定義域における x と y が近ければ，値の $f(x)$ と $f(y)$ が近くなる，という性質を指します。また微分可能というのは，定義域のどこででも微分ができるという性質を指します。グラフで特徴付けるなら，連続関数というのはグラフが途切れずにつながっているような関数で，微分可能関数というのは，さらにグラフにとがったところがなくてなめらかになっているような関数です。グラフが途切れているとそこに接線は引けないので，微分可能な関数は連続関数でなくてはなりません。

連続でない関数，連続だけれど微分可能でない関数，微分可能な関数の例を，グラフで挙げておきましょう（図 5.6）。

微分方程式を解くという話から始めて，実数や関数の認識の話にきてしまいました。そこで少し戻って，フーリエの熱の研究を，この新しい認識で見直してみましょう。フーリエは，初期温度を表す関数 $a(x)$ を $\sin nx$ ($n=1, 2, 3, \cdots$) の重ね合わせで表すことで，温度を表す関数 $u(t, x)$ の記述に成功しました。つまり彼の結果は，$a(x)$ が

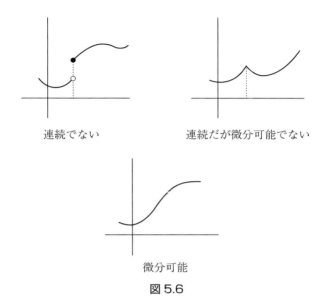

図 5.6

$$a(x) = \sum_{n=1}^{\infty} a_n \sin nx$$

と表されるということに基づいていたのでした。そんなことは $a(x)$ が特別な場合にしかできないのではないか，というのがフーリエに対する批判でしたが，関数についての認識が進んだことで，ここにはらむ問題をはっきりさせることができました。すなわち

問題 $\sin nx$ ($n=1,2,3,\cdots$) の（無限）和として表されるような関数の範囲を確定せよ。

という問題を考えればよいのです。確定する，というところまではいかなくても，少なくともこの範囲の関数であればOKというような範囲を求めることができれば，解決に向けて進展したと考えられます。

第4章の例4.2では，連続でない関数でも $\sin nx$ の無限和で表されることを見ました。最終的には，ある程度の不連続関数までは大丈夫，という形の解答が得られています。その解答についてはここでは述べませんが，ともあれ，こうして理論が適用できる関数の範囲を調べる，という見方が現れてきたのです。これは関数を，その名前によってではなくその性質によってとらえる，という新しい発想で，個別案件ではなく一般的に成り立つ法則を求めようという近代科学の装いを解析学にもたらしました。この見方はその後バナッハ空間などの関数空間の話につながっていきますが，少し先走りすぎたようです。章をあらためて，微分方程式とその解となる関数について，ゆっくり考えていきましょう。

6 微分方程式

ニュートンが運動法則を発見し,運動を表す関数は運動方程式という微分方程式をみたすことがわかりました。その後オイラー,ラグランジュをはじめとする人々がニュートンの仕事を継承し,質点の運動だけではなく,剛体の運動,流体の運動や音・熱といった現象も微分方程式で表されることがわかってきました。物理現象を把握したければ,微分方程式を解いて解を求めればよい,ということになったのです。

求積法

そこで,微分方程式をどうやって解いたらよいか,という研究が盛んに行われることになりました。そういった研究の成果を2つ紹介しましょう。

微分方程式

(Q) $$y' = x^2 y^3$$

を解いてみます。左辺の y' というのは微分で,x が少し (dx) だけ変化したときの y の変化 dy を,x の変化 dx で割ったものの極限でしたから,dx を無限小と思うと

$$y' = \frac{dy}{dx}$$

と表すことができます。これを (Q) に代入して

$$\frac{dy}{dx} = x^2 y^3$$

となりますが,これを

$$\frac{dy}{y^3} = x^2 \, dx$$

と書き換えます。このままでは両辺に無限小があるので,これから意味のある量を取り出すために積分を行います。

$$\int \frac{dy}{y^3} = \int x^2 \, dx$$

この結果は,

$$-\frac{1}{2y^2} = \frac{x^3}{3} + C$$

となります。ここで C は定数です。これを y について解くと,C' をまた別な定数として

$$y = \frac{1}{\sqrt{C' - \frac{2}{3}x^3}}$$

が得られます。これが微分方程式（Q）の解です。この導出の過程に疑問を感じる方もおられるかもしれませんが，こうして得られた関数 y が微分方程式（Q）をみたすことは直接確かめられます。

もう1つ，微分方程式

(L) $$y''-3y'+2y = 0$$

を解いてみます。アイデアは，$y=e^{ax}$ とおいて，a を求める話に変えることです。このとき $y'=ae^{ax}, y''=a^2 e^{ax}$ となるので，これらを微分方程式に代入すると

$$(a^2-3a+2)e^{ax} = 0$$

となり，$a^2-3a+2=0$ となるように a を決めれば微分方程式の解が得られることになります。

$$a^2-3a+2 = (a-1)(a-2)$$

ですから，$a=1, 2$ とすればよいので，

$$y = e^x, \ y = e^{2x}$$

が微分方程式（L）の解となります。

このように微分方程式を具体的に解く技法を総称して，求積法といいます。いろいろな人が多くのアイデアを注ぎ込んで，求積法には様々な技法が集まってきました。あまりにいろいろな方法が考案されて微分方程式がどんどん解けるので，微分方程式というのは解き方を思いつけば必ず解けるも

のだろう,という思い込みも生まれたように見受けられます。つまり微分方程式というのは必ず解けるので,何とかして解を見つけることに力を注ごう,というわけです。

この様子は,5次方程式の解の公式の話と似ているように思います。2次方程式の解の公式は中学数学で習うのでご存じの方も多いと思いますが,3次方程式,4次方程式にも解の公式があり,それらは16世紀に発見されました。そこで次は5次方程式の解の公式を見つけようと,多くの人々が努力を重ねたのです。

本書でいろいろなところに登場するラグランジュも,(微分方程式だけでなく)代数方程式(n次方程式)の解法を研究し,解が公式で書けるためのメカニズムを追究しました。しかし誰も5次方程式の解の公式を見つけることに成功せず,そうこうするうちに,19世紀になってアーベルが5次方程式には解の公式がないことを証明してしまいました。そして同時代のガロアは,代数方程式の解が公式で書けるための仕組みを解明して,解がどれくらい複雑なものかを測る方法を与えました。これはラグランジュの研究を継承し完成させたもので,今日ではガロア理論と呼ばれています。ガロア理論は与えられた方程式に解の公式があるかどうかの判定法も与えるもので,アーベルの結果はガロア理論から導かれます。

代数方程式の解に関するガロア理論(アーベルの結果も含む)は,微分方程式に対して2つの方向の示唆を与えたように思います。1つは,すべての代数方程式に解の公式があるわけではない,というわけですから,ましてやどんな微分方

程式でも求積法で解けるわけではないだろう,ということが示唆されます.微分方程式はがんばれば解けるかな,という「何となく」抱いていた思いには,特に根拠がなかったことが明らかになったのです.

微分方程式は何でもかんでも求積法で解けるわけではない,というこの新しい認識が,その後の微分方程式の研究の出発点になりました.つまり微分方程式とは何か,その解とは何か,ということを正面から問い,微分方程式を数学的対象とする研究が始められたのです.その後の展開についてはこの章で述べていきます.

もう1つの方向というのは,微分方程式が解けるというとき,「解ける」ということばには実は虹の七色のようにグラデーションがあって,いろいろな意味を持っているのではないか,という認識です.ガロア理論は代数方程式が解けるかどうかを判定するだけでなく,解がどの程度難しい数であるか,ということを記述するものでした.微分方程式に当てはめて考えれば,解を具体的に既知の関数で書いてしまう,というのが求積法の意味で「解く」ということでしたが,それができなければお手上げということではなくて,何らかの形で解の難しさを測る,あるいは解についての情報を手に入れる,というのが生産的な方向であろう,ということに人々は気づいたのです.

1つ例を挙げます.フーリエは熱方程式の解として具体的な表示

$$u(t,x) = \sum_{n=1}^{\infty} \alpha_n e^{-n^2 t} \sin nx$$

を手に入れました。ここで解に現れる $e^{-n^2 t}$ は，t が大きくなると急激に0に近づいていきます。そのため初期温度は場所ごとに異なっていても，時間が経つにつれてどの場所でも温度はどんどん0に近づくことがわかります。この現象を平滑化とか平均化と言います。この現象は物理的には（あるいは経験的には）妥当なものですが，それを純粋に数学的議論で導くことができたというわけです。実はこの平滑化という現象は，熱方程式に限らず，その仲間と考えられるある微分方程式のグループ全体についても成り立つことが示されます。これは解の具体的表示がなくても解の挙動を調べられるという逞しい結果で，1つ1つの微分方程式の解の表示を探す，というよりはるかに進歩した研究のステージと考えられます。

解の存在と一意性

微分方程式に限らず，方程式というのは高度な思考方法です。ふつう我々は求めたいものを直接求めようとするのですが，それをしばらく我慢して，求めたいものを x（など）とおいて x のみたす条件を書き下し，それをみたす x は何物なのかを追求するというやり方です。いわば間接的に相手を追い詰めるやり方ですね。

この方法は多くの場合非常に有効で，直接求めるのがとても難しいものでも，方程式を立てることで求められることがあります。ただしいつでも方程式が解を与えてくれるとは限りません。そういった場合でも，方程式があると，方程式を用いてその解についての情報を手に入れることができます。

その際に重要なのは，方程式の解の存在と一意性です。というのは，まずその方程式に解が確かにあること（存在）が保証されないと，空疎な議論をすることになってしまいます。次に解があることがわかったとして，解が複数ある場合には，どの解について議論しているのかがわからないとこれも空疎な議論になってしまいます。つまり方程式を通して間接的に解について議論をするときに，その議論する対象を特定するためには，それが確かにあってしかもただ1つしかない，という保証が必要となるのです。我々はこれから微分方程式が解けない場合にも解について調べていきたいので，微分方程式の解の存在と一意性がどういった場合に保証されるか，ということを知っておく必要があります。

さて，微分方程式の解の存在および一意性については，次に挙げる定理が最も基本的です。微分方程式として，

(F) $$y' = F(x, y)$$

という形のものを考えます。y と F がベクトルの場合を考えると，全く一般の微分方程式を扱っていることになります。議論の流れを理解するには，ベクトルとせずに y も F も1つの関数と思って読んでいただければ十分なので，以下そのように扱うことにします。$F(x,y)$ が定義されている xy 平面の領域を D として，その中の点 (a,b) を考えます。正の数 r, R を適当に取って，点 (a,b) を中心とする長方形

$$\Delta = \{(x,y); a-r \leq x \leq a+r, b-R \leq y \leq b+R\}$$

が領域 D に含まれるようにします（Δ：デルタ）。$F(x,y)$ は

D で連続と仮定し，$|F(x,y)|$ の Δ における最大値を M とおきます。

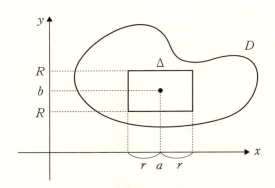

図 6.1　領域 D と長方形 Δ

さらに仮定として，$F(x,y)$ は Δ においてリプシッツ条件をみたすとします。「リプシッツ条件をみたす」とは，ある定数 L があって，$a-r \leq x \leq a+r$ の範囲の任意の x と $b-R \leq y \leq b+R$ の範囲内の任意の y_1, y_2 に対して

$$|F(x,y_1)-F(x,y_2)| \leq L|y_1-y_2|$$

が成り立つということで，これは $F(x,y)$ がある程度なめらかな関数であればみたされる条件ですので，あまり気にしないで下さい。以上の設定と仮定の下で，次の定理が成り立ちます。

定理 6.1　微分方程式（F）について上の仮定が成り立つとする。このとき，

$$\tilde{r} = \min\left(r, \frac{R}{M}\right)$$

とおくと，初期条件

$$y(a) = b$$

をみたす微分方程式（F）の解が，区間 $a-\tilde{r} \leqq x \leqq a+\tilde{r}$ においてただ1つ存在する。

定理中に現れた min という記号は，その後に書かれた数のうちの小さい方を表すものです。この定理は，微分方程式の解は初期条件を指定すると存在してただ1つに限る，ということを述べていて，解の存在と一意性の定理と呼ばれます。まず証明の概略を説明し，その後で定理に現れた $\tilde{r}$ という数の意味を説明しましょう。

これから説明する定理 6.1 の証明には，これまでに解析学が獲得してきた「ものを扱うときの流儀」が縦横に用いられ，現代的な解析学の議論の仕方がわかりやすく現れています。まず証明すべき内容を把握しておきましょう。

一意性はともかく，我々は微分方程式（F）に解が存在するということを示さなければなりません。しかしこの微分方程式を与えている関数 $F(x, y)$ については，その具体的な形はまったくわからないので，求積法によって具体的に解くことで解の存在を示すという方法は使えません。つまり解は具体的に何であるかは把握できないのだが，それでもそれが存在することを示す，という命題を解かなければなりません。

これは実数を把握するときの状況とよく似ています。実数は確かに存在するのだけれど，名前で呼ぶことができないのでした。そこで実数を把握する手段として，我々は数列を用いました。数列の各項は有理数などの把握できる数として，その数列がコーシー列になっているとすると，その極限が具体的にこの数とわかるわけではないが確かに存在して1つに決まることはわかり，実数が1つ把握されるのでした。そしてその実数について調べたければ，数列の各項がその実数を近似しているので，いくらでも高い精度の近似値を手に入れることができます。このやり方を参考にするなら，存在を示したい解 $y(x)$ が極限となるような列 $\{y_n(x)\}$ を作ればよい，ということに思い至ります。この場合は数の列ではなくて関数 $y_n(x)$ の列なので，関数列と言います。

　こうして問題は，求めるべき解 $y(x)$ に収束していくような関数列 $\{y_n(x)\}$ を構成するということになりました。ではそれをどのように作ればよいでしょうか。実はここにも現代的な解析学の流儀が使われます。

　第3章で積分の説明をしたときに，「微分と積分はどちらが易しいか」ということを考えました。微分は引き算・割り算的な操作で，積分は掛け算・足し算的な操作なので積分の方が実は易しい，と述べましたし，また微分は関数のなめらかさを減らす操作だが，積分は逆に関数になめらかさを与える操作になっている，ということも示しました。したがって解析的な議論をするときには，積分の方が断然扱いやすいのです。そこで微分を用いて書かれている微分方程式を，積分で書き換えましょう。

(F) の両辺を a から x まで積分します．

$$\int_a^x y'(t)dt = \int_a^x F(t,y(t))dt$$

左辺は微分積分学の基本定理により（直接的には定理 3.3 により），$y(x)-y(a)$ に等しくなります．ここで初期条件 $y(a)=b$ を用いると，$y(x)$ のみたす積分方程式

(I) $$y(x) = b+\int_a^x F(t,y(t))dt$$

が得られました．もし $y(x)$ がこの積分方程式の解だとすると，両辺を微分して (F) が復元できますから微分方程式 (F) の解となり，また (I) の両辺に $x=a$ を代入すると，a から a までの積分は 0 になることから，初期条件 $y(a)=b$ も得られます．つまり積分方程式 (I) は，微分方程式 (F) と初期条件 $y(a)=b$ を一挙に表しているのです．のみならず，この積分方程式 (I) を用いることで，解 $y(x)$ に収束する関数列 $\{y_n(x)\}$ を構成することができます．

関数列 $\{y_n(x)\}$ の作り方は次のようにします．まず第 0 近似 $y_0(x)$ として

$$y_0(x) = b$$

を取ります．次の第 1 近似 $y_1(x)$ としては，(I) の右辺の $y(t)$ のところを $y_0(t)$ に置き換えたものとして定めます．すなわち

$$y_1(x) = b+\int_a^x F(t,y_0(t))dt$$

と定めます．第 2 近似 $y_2(x)$ は，第 1 近似 $y_1(x)$ を (I) の右

辺に入れた

$$y_2(x) = b + \int_a^x F(t, y_1(t))dt$$

として定めます。以下同様に，第 $(n-1)$ 近似 $y_{n-1}(x)$ までが定義されたとして，次の第 n 近似 $y_n(x)$ を

(I)$_n$ $$y_n(x) = b + \int_a^x F(t, y_{n-1}(t))dt$$

により定めます。こうして関数列 $y_0(x), y_1(x), \cdots, y_n(x), \cdots$ が定義されました。もしこの関数列 $\{y_n(x)\}$ に極限 $y(x)$ が存在したとすると，$y_{n+1}(x)$ の定義式 (I)$_n$ の両辺で $n \to \infty$ とすることで積分方程式 (I) が得られるので，その極限が求める解になることがわかります。またこの関数列は次々と積分することで作っていくので，なめらかさが減ることはなく，どの項 $y_n(x)$ もなめらかな関数となっています。

いろいろと確認すべきことはありますが，最も大事な，この関数列がコーシー列になることについて確認してみましょう。記号が煩雑になるのを避けるため，$x \geq a$ という範囲に限って考察します。$y_0(x), y_1(x)$ の定義から，

$$y_1(x) - y_0(x) = \int_a^x F(t, b)dt$$

となります。$|F(x, y)| \leq M$ が成り立ちますから，これより

$$|y_1(x) - y_0(x)| = \left|\int_a^x F(t, b)dt\right| \leq \int_a^x |F(t, b)|dt$$

$$\leq \int_a^x M\,dt = M(x-a)$$

が得られます。$y_1(x), y_2(x)$ の定義も同じように使うと，

$$|y_2(x)-y_1(x)| = \left|\int_a^x (F(t,y_1(x))-F(t,y_0(x)))dt\right|$$

$$\leq \int_a^x |F(t,y_1(x))-F(t,y_0(x))|dt$$

$$\leq \int_a^x L|y_1(t)-y_0(t)|dt$$

$$\leq \int_a^x LM(t-a)dt$$

$$= LM\frac{(x-a)^2}{2}$$

が得られます。ここでは $F(x,y)$ がリプシッツ条件をみたすことと，$|y_1(x)-y_0(x)|$ について先に得ていた不等式を使いました。

以下同様に続けていきます。$|y_3(x)-y_2(x)|$ についての不等式，$|y_4(x)-y_3(x)|$ についての不等式，と順に作っていくと，一般に

$$|y_n(x)-y_{n-1}(x)| \leq M\frac{L^n(x-a)^n}{n!}$$

が得られることがわかります。(厳密には数学的帰納法によって証明します。)

さて第5章（例 5.1）で，どんな実数 A に対しても級数

$$\sum_{n=0}^{\infty} \frac{A^n}{n!}$$

が収束することを示しました。このことから，

$$\left|\sum_{k=m}^{n}\frac{A^k}{k!}\right| \to 0 \quad (m, n \to \infty)$$

が導かれます。$A = L(x-a)$ としてこの結果を使うと，

$$\begin{aligned}
|y_n(x) - y_m(x)| &= |(y_n(x) - y_{n-1}(x)) + (y_{n-1}(x) - y_{n-2}(x)) \\
&\qquad + \cdots + (y_{m+1}(x) - y_m(x))| \\
&\leq \sum_{k=m}^{n-1} |y_{k+1}(x) - y_k(x)| \\
&\leq \sum_{k=m}^{n-1} M \frac{(L(x-a))^k}{k!} \\
&= M \sum_{k=m}^{n-1} \frac{(L(x-a))^k}{k!} \to 0 \quad (m, n \to \infty)
\end{aligned}$$

が得られます。すなわち関数列 $\{y_n(x)\}$ はコーシー列になることがわかりました。数の場合と関数の場合との違いはありますが，これでともかくこの関数列が収束することが証明されたのです。

こうして解の存在が示されます。あとは一意性の証明が残っていますが，それは省略しましょう。定理 6.1 に現れた $\tilde{r}$ という数は，証明の中で使われます。(ここでは触れなかった部分です。) しかし証明技術的な意味はさておき，$\tilde{r}$ には幾何学的な意味があります。$\tilde{r}$ は解 $y(x)$ が定義される範囲を $a - \tilde{r} \leq x \leq a + \tilde{r}$ という形で表す数でした。まず $\tilde{r}$ は r 以下でなければなりません。これは $F(x, y)$ が x に関しては $a - r \leq x \leq a + r$ の範囲で定義されていることしか保証されてい

ないので，当然の条件です。

一方微分方程式（F）は解の微分 $y'(x)$ が F という関数で表されると述べており，微分は関数のグラフの接線の傾きを表すものでしたから，$|F(x,y)| \leq M$ という不等式によって接線の傾きは $-M$ から M の範囲に常に収まっている，ということがわかります。図で見てみましょう。

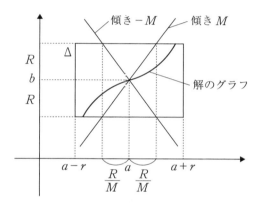

図 6.2　解 $y(x)$ のグラフの範囲

最もグラフが急勾配だとすると，xy 平面上の点 (a,b) を通る傾き M あるいは $-M$ の直線となり，この 2 直線は Δ の上下の境界 $y=b+R, y=b-R$ とぶつかります。その交点の x 座標を $a+c$ とおくと，c は

$$Mc = \pm R$$

を解いて

$$c = \pm \frac{R}{M}$$

となります。したがって $\bar{r} > \frac{R}{M}$ とすると，解のグラフが $F(x,y)$ が定義されていることが保証されている範囲 Δ をはみ出してしまう可能性があり，解であることが保証できなくなります。以上により，解の範囲を与える $\bar{r}$ は，r 以下でかつ $\frac{R}{M}$ 以下でなくてはならない，ということでこの2つのうちの小さい方となるのです。

微分方程式の解の存在と一意性は，微分方程式を考える場合のスタートラインです。のみならず，使い方によっては微分方程式から解の情報を引き出すのに有用な働きをします。そのことを例によって見てみましょう。

例 6.1 微分方程式

(S) $$y' = \sin(xy^2)$$

の解が1点 x_1 で正の値を取れば，定義域のすべての x に対して正の値を取る。

これを証明しましょう。この微分方程式は，(F) において $F(x,y) = \sin(xy^2)$ とおいたもので，F の定義域としては xy 平面全体が取れ，任意の長方形 Δ について定理の求める条件が成り立ちます。まず

$$y_0(x) \equiv 0$$

（恒等的に 0）という関数がこの微分方程式の解になります。これは $(0)' = 0$ と $\sin(x \times 0^2) = 0$ から明らかですね。さて $y_1(x_1) > 0$ となる解 $y_1(x)$ を考えます。もし $y_1(x)$ がどこかで正でない値を取るとしたら，その取る値は 0 か負の数ですが，$y_1(x)$ は連続関数なので負の数を取るならば必ずどこかで値 0 も取らなければなりません。（$y_1(x)$ のグラフと x 軸が交わるはずだから。）そこでこの解 $y_1(x)$ がある点 x_0 において値 0 を取ったとしましょう。

$$y_1(x_c) = 0$$

です。

さて微分方程式 (S) に，$(a, b) = (x_0, 0)$ とした初期条件

$$y(x_0) = 0$$

を課します。するといまの解 $y_1(x)$ はこの初期条件をみたしていますが，一方 $y_0(x)$ ももちろんこの初期条件をみたします。すると解の一意性によって，$y_1(x) = y_0(x) \equiv 0$ でなければなりません。これは $y_1(x_1) > 0$ と矛盾しますので，仮定が誤っていたということで $y_1(x)$ はどこでも正でない値は取らないことが結論されます。こうしてすべての x について $y_1(x) > 0$ が成り立つことが示されました。

解の一意性が，使い方によっては解の挙動を調べるのに役立つ様子がわかると思います。なお，この証明は，定理 6.1 の仮定をみたすような微分方程式 (F) で，すべての x に対

して $F(x,0)=0$ となるものについてはいつでも通用します。

超関数

物理現象が微分方程式で表されるということをずっと述べてきましたが，物理現象の中には微分可能でないようなものも含まれます。たとえばスイッチを入れる前後の電流の値は，スイッチを入れる直前まで0で，入れた直後にある値（たとえば1）となりますから，関数としては不連続でジャンプがある関数となります。この関数

$$H(x) = \begin{cases} 1 & (x \geq 0) \\ 0 & (x < 0) \end{cases}$$

はヘビサイド関数と呼ばれます。

不連続ほどではなくても，連続だけれど微分可能でない，つまりグラフはつながっているけれどなめらかでない（とが

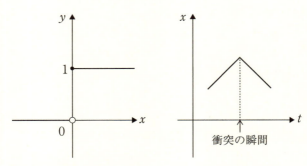

ヘビサイド関数 $H(x)$ のグラフ　　　衝突を表す関数

図 6.3　ヘビサイド関数，衝突における位置を表す関数

ったところがある)ような関数は,物理現象にはいくらでも現れます。たとえば衝突においては位置は連続的に変化しますが,動く方向は衝突の前後で反対向きになります。

ディラックは量子力学の研究において,

$$\int_{-\infty}^{\infty} \delta(x)dx = 1$$

$$\delta(x) = 0 \quad (x \neq 0)$$

をみたす関数 $\delta(x)$ を導入し,様々な議論を明快に進めることに成功しました。この関数をディラックのデルタ関数と呼びますが,デルタ関数は普通の意味の関数とはなりません。$\delta(x)$ の値は $x=0$ 以外では0ですから,普通に積分すると積分値は1とはならずに0になってしまいます。このような関数もときは関数として扱うといろいろと不都合を引き起こしますが,ディラックは,「デルタ関数は積分の中で使うのである」と述べて,その正しい使い方を示しています。つまりデルタ関数 $\delta(x)$ は,連続関数 $f(x)$ に対して

$$\int_{-\infty}^{\infty} f(x)\delta(x)dx = f(0)$$

という結果を与える「何物か」である,というのです。

前節で,微分方程式の解の存在と一意性を示すときに,微分方程式を積分方程式に書き直して考察しました。そのときも述べたように,微分よりも積分の方が解析的にはずっと扱いやすいのです。またディラックのデルタ関数のように,関数とはならないようなものも積分を通してその意味を発揮させることができます。そこで微分できないような関数でも,

積分を利用することで微分ができるような理論の枠組みがシュワルツにより考案されました。それを超関数の理論といいます。そのアイデアは部分積分です。

$f(x), g(x)$ を区間 $a \leqq x \leqq b$ で微分可能で，$f'(x), g'(x)$ が連続になるような関数とします。このとき第3章で示したように，部分積分の公式

$$\int_a^b f'(x)g(x)dx = [f(x)g(x)]_a^b - \int_a^b f(x)g'(x)dx$$

が成り立ちます。この公式において，右辺には $f(x)$ の微分が登場しないことに注目して下さい。つまりこの公式は，「左辺にある $f'(x)$ を微分する前の $f(x)$ で表している」と読むことができるのです。

ただしこれはある関数 $g(x)$ との積を取って積分した場合の話ですから，これだけで $f'(x)$ の全貌がつかめるわけではありません。それなら $g(x)$ をたくさん持ってきて，それぞれの $g(x)$ に対して右辺がどうなるかを述べれば，$f'(x)$ の全貌がつかめると考えられます。これが基本となるアイデアです。

シュワルツは次のように定式化しました。何回でも微分可能で，有限の範囲の外では0となるような関数の全体を C_0^∞ とおきます。関数 $f(x)$ があると，$\varphi \in C_0^\infty$ に対して

$$\int_{-\infty}^\infty \varphi(x)f(x)dx$$

を対応させることで写像 $C_0^\infty \to \mathbb{R}$ が得られます。(φ はファイと読みます。) $\varphi(x)$ はある有限の範囲の外では0になりますから，この積分は実質的に有限区間上の積分となり，値は発

散せずに決まることに注意して下さい。この写像は関数 f が決めるので、(慣れないと混乱するかもしれませんが) 同じ文字 f で表すことにします。すなわち

$$f(\varphi) = \int_{-\infty}^{\infty} \varphi(x) f(x) dx \quad (\varphi \in C_0^{\infty})$$

と定義します。この $f(\varphi)$ の定義域は数の集合ではなく関数の集合なので、関数の関数という意味で f のことを**超関数**といいます。なお超関数というのは日本における用語で、シュワルツは分布 (distribution) という名前を与えています。ここまでをまとめますと、関数 $f(x)$ から超関数 $f(\varphi)$ が定まる、ということです。

さて $f(x)$ が微分可能で $f'(x)$ が連続だとすると、$f'(x)$ も超関数を定めますが、部分積分を用いるとその値は

$$f'(\varphi) = \int_{-\infty}^{\infty} \varphi(x) f'(x) dx$$

$$= [\varphi(x) f(x)]_{-\infty}^{\infty} - \int_{-\infty}^{\infty} \varphi'(x) f(x) dx$$

$$= -\int_{-\infty}^{\infty} \varphi'(x) f(x) dx$$

となります。第 2 の等号では部分積分を使い、最後の等号では $\varphi(x)$ が有限の範囲の外では 0 になることを使いました。また $\varphi(x)$ は何回でも微分可能なので、$\varphi'(x)$ は存在して連続関数となります。

先に述べた通り、注目すべきはこの右辺に $f(x)$ の微分が現れないことです。すなわちこの等式は、$f(x)$ が微分可能でない場合でも超関数 f' が定義できることを意味していま

す。これが超関数のよいところで、微分できない関数であっても、超関数と思うと微分できることになるのです。これは部分積分で $\varphi \in C_0^\infty$ に微分を押しつけるからです。そして $\varphi \in C_0^\infty$ は何回でも微分できますから、部分積分を繰り返し使えば超関数は何回でも微分できます。$\varphi(x)$ を n 回微分したものを $\varphi^{(n)}(x)$ と書くことにすると、超関数として f の n 階微分

$$f^{(n)}(\varphi) = (-1)^n \int_{-\infty}^{\infty} \varphi^{(n)}(x) f(x) dx \quad (\varphi \in C_0^\infty)$$

が得られるのです。

不連続関数であったヘビサイド関数 $H(x)$ も超関数を定め、超関数と思うと微分ができます。それを計算してみましょう。関数 $H(x)$ の定義により、

$$H(\varphi) = \int_{-\infty}^{\infty} \varphi(x) H(x) dx = \int_0^\infty \varphi(x) dx$$

というのが超関数 H の定義です。その微分は、上述の超関数の微分の定義を用いて

$$H'(\varphi) = -\int_{-\infty}^{\infty} \varphi'(x) H(x) dx$$

$$= -\int_0^\infty \varphi'(x) dx$$

$$= -[\varphi(x)]_0^\infty$$

$$= -\lim_{x \to \infty} \varphi(x) + \varphi(0)$$

$$= \varphi(0)$$

となることがわかります。つまり H' は $\varphi \in C_0^\infty$ に対して $\varphi(0) \in \mathbb{R}$ を対応させる写像となり，ディラックのデルタ関数 δ と一致すること

$$H' = \delta$$

がわかりました。

　このように見てくると，シュワルツの超関数の理論は，ディラックによるデルタ関数の定式化を含む形で構築されたものであることがわかります。また超関数では普通は微分できない関数の微分も考えられますが，その場合にはデルタ関数のように，もはや関数とは呼べないものになってしまう可能性があることもわかりました。

　超関数の登場により，微分方程式において未知関数を超関数と考えると，従来はつかまえられなかった（たとえば微分可能でないような）解もつかまえられるようになりました。また超関数の理論は，グリーン関数，フーリエ解析といった（ここでは説明できませんが）理論的にも応用上も重要な分野に，画期的な進展をもたらしました。しかしそういった具体的な成果を超えて，関数に対する新しい見方・取り扱い方を提示した理論として，超関数はその後の解析学に大きな影響を与えたのです。

ルベーグ積分

　超関数の理論は有用で，解析学の新しい発展をもたらすものでしたが，同時にその斬新な発想によって我々の関数に対する認識に大きな変化を迫るものでした。従来の関数の理解

は，定義域の各点に対して値が定まるもの，ということでした。この関数の理解にこだわるなら，たとえば関数 $f(x)$ から超関数 f ができて，$f(x)$ が微分できなくても超関数の方は微分できる，ということでしたので，それでは微分できない関数の超関数としての微分 f' は定義域の各点に対してどんな値を定めるものか，ということが気になります。それを考えるには，超関数から元の関数を復元する必要があります。

そこでこの復元問題を考えましょう。関数 $f(x)$ から超関数 $f(\varphi)$ が決まったとして，逆に $f(\varphi)$ から関数 $f(x)$ が復元できるか，という問題です。答えは否です。1つの点 x_0 を取り，$f(x_0)$ とは異なる値 k を1つ取ります。そして関数 $f_1(x)$ を

$$f_1(x) = \begin{cases} f(x) & (x \neq x_0) \\ k & (x = x_0) \end{cases}$$

により定めると，1点における関数の値は積分には影響しないため，

$$f_1(\varphi) = \int_{-\infty}^{\infty} \varphi(x) f_1(x) dx = \int_{-\infty}^{\infty} \varphi(x) f(x) dx = f(\varphi)$$

$$(\varphi \in C_0^\infty)$$

が成り立って，超関数としては f と f_1 は同じものになってしまうからです。つまり超関数と見た場合には，1点1点における関数の値は意味を持たないのです。これは1点1点における値こそが根幹である従来の関数とはまったく異なる見

方で，超関数の見方においては，積分をしたときにどんな値になるかということのみが本質的なのです。

　超関数は積分を通して関数を認識するという考え方です。そして超関数の話に完全に持っていかなくても，微分方程式をより扱いやすい積分方程式に書き換えたり，部分積分を用いて未知関数の微分を他の関数の微分に押しつけたり，といった手法が，微分方程式の研究で盛んに用いられるようになりました。それらの場合でも基本的な考え方は，関数を積分を通して認識するというものでした。そうなると，その認識にふさわしい積分の定義が必要になってきます。というのは，第3章で紹介しましたリーマンによる積分の定義（以下リーマン積分と呼びましょう）は，関数が定義域の各点でどのような値を取るか，という従来の関数の認識に基づいていたので，この新しい認識とは必ずしも相性がよくありません。

　相性のよい積分の定義は，実は既に用意されていました。それは20世紀の初頭にルベーグによって提案された積分論で，ルベーグ積分と呼ばれるようになったものです。リーマン積分と比べる形でルベーグ積分を簡単に紹介しましょう。

　区間 $a \leq x \leq b$ で定義された連続関数 $f(x)$ の積分を考えます。この区間全体で $f(x) \geq 0$ が成り立っていると仮定します。リーマン積分においては，変数の動く区間 $a \leq x \leq b$ を小区間の集まりに分割します。つまり

$$a = x_0 < x_1 < x_2 < \cdots < x_{n-1} < x_n = b$$

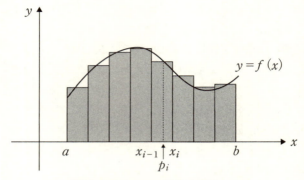

図6.4 リーマン積分の方法

として,小区間 $x_{i-1} \leq x \leq x_i$ $(i=1, 2, \cdots, n)$ を考えます。この小区間内に1点 p_i を取り,この小区間を底辺,$f(p_i)$ を高さとする長方形を作ってその面積を測ります。それはもちろん $f(p_i)(x_i - x_{i-1})$ となります。この面積を小区間ごとに集めたもの

$$\sum_{i=1}^{n} f(p_i)(x_i - x_{i-1})$$

が積分の近似値で,小区間への分割をどんどん細かくしていった極限がリーマン積分

$$\int_a^b f(x) dx$$

です。

同じ関数の同じ区間における積分を,ルベーグは次のように定義します。変数の方ではなく,値の方を細かく分割します。$f(x)$ の値が $0 \leq f(x) \leq \beta$ という範囲に収まっていると

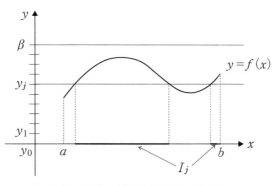

図 6.5 ルベーグ積分の方法 その1

すると,この値の範囲の方を小さい範囲の集まりに分割します。

$$0 = y_0 < y_1 < y_2 < \cdots < y_{m-1} < y_m = \beta$$

そして各 y_j に対して,

$$I_j = \{x\,;\,f(x) \geqq y_j\}$$

という集合を考えます。$f(x)$ は連続関数としていますので,I_j はいくつかの区間の集まりとなることがわかります。それぞれの区間の長さを合計したものを I_j の長さと定め,それを $\mu(I_j)$ とおきます。

こうして用意した量を用いて,

$$\sum_{j=1}^{m}(y_j - y_{j-1})\mu(I_j)$$

というものを作ります。これも図形的には長方形の面積を足

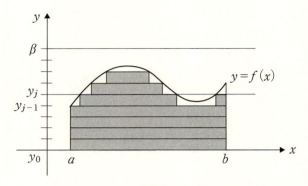

図 6.6　ルベーグ積分の方法　その 2

し合わせたものになっていることがわかると思います。リーマン積分においては縦長の長方形の面積の和を考えましたが、ルベーグ積分では横長の長方形の面積の和を考えるわけです。そして値の範囲の分割をどんどん細かくしていった極限を、ルベーグ積分

$$\int_I f \, d\mu$$

として定義します。ここで I は区間 $a \leq x \leq b$ を表す記号です。

図 6.4 と図 6.6 を見比べると、リーマン積分でもルベーグ積分でも、積分の値は同じになることがわかると思います。連続関数を考える限りは、リーマン積分とルベーグ積分に違いはありません。ただこの時点でもわかることとして、ルベーグ積分においては $f(x)$ が定義域の各点でどのような値を取るかということは見ていないのです。$f(x)$ がある値の範

囲になるような x の集合の大きさはどうか，ということだけが積分に寄与します．したがって新しい関数の認識には，ルベーグ積分の方が相性がよいのです．

ルベーグ積分の本領は，従来の関数と思うととてもたちが悪いややこしい関数の積分に発揮されます．連続でない関数 $f(x)$ に対してもルベーグ積分を定義するためには，各 $\alpha>0$ に対して

$$I = \{x \,;\, f(x) \geq \alpha\}$$

という x の集合の「長さ」$\mu(I)$ を定める必要があります．この「長さ」は，I がいくつかの区間を合わせたものになっているときには，それぞれの区間の長さの合計に一致するものでなければなりません．そのほかにもいくつか当然成り立ってほしい条件をみたすものとして，μ が定義できます．（ここでは詳しいことは述べません．）こうして定まる μ をルベーグ測度といいます．（以下では単に測度とも呼びます．）

関数 $f(x)$ と数 $\alpha>0$ に対する上記の集合 I を $E(f \geq \alpha)$ で表します．$f(x)$ は集合 E 上で定義されていて，$0 \leq f(x) \leq \beta$ をみたすとしましょう．すると集合 E 上の $f(x)$ のルベーグ積分

$$\int_E f \, d\mu$$

は，

$$\sum_{j=1}^{m} (\alpha_j - \alpha_{j-1}) \mu(E(f \geq \alpha_j))$$

という量の極限として定義されます．ただしここでは区間

$0 \leqq y \leqq \beta$ を分割したものを

$$0 = \alpha_0 < \alpha_1 < \alpha_2 < \cdots < \alpha_{m-1} < \alpha_m = \beta$$

とおきました.

　定義から,ルベーグ積分は測度が 0 となる集合上の関数の値には影響されないことがわかります.集合 E の部分集合 A でそのルベーグ測度 $\mu(A)$ が 0 となるものを取ったとき,A 以外の E の点では $f(x)$ と同じ値を取り,A の点では $f(x)$ と異なる値を取る関数 $f_1(x)$ に対して,

$$\int_E f_1 \, d\mu = \int_E f \, d\mu$$

が成り立つのです.有限個の点からなる集合や,さらには可算無限個の点からなる集合も測度は 0 になりますので,たとえば有理数 x における値がすべて違っている関数でも,無理数における値が一致すればルベーグ積分の値は同じになります.このことからも,ルベーグ積分される関数にとっては,定義域の個々の点における値を考える意味がないことがわかりますし,したがってルベーグ積分を用いた議論で得られた関数については,定義域の点における具体的な値は求められません.そうは言っても,関数は調べたい現象を記述するものですから,値がわかるに越したことはありません.しかしこの具体的な値を求めたいという欲求を捨てて,積分の値を通して関数を知ることで満足することにするなら,ルベーグ積分を用いた解析は多くの実りをもたらしてくれます.

　ルベーグ積分を用いた議論で中心的な役割を果たすのは,

6 微分方程式

ルベーグの収束定理と呼ばれる定理です。この定理の正確な記述は与えませんが，大まかに述べると，関数列 $\{f_n(x)\}$ が関数 $f(x)$ に収束していて，すべての $f_n(x)$ についてその絶対値が積分可能な関数 $g(x)$ によりおさえられている（つまり $|f_n(x)| \leq g(x)$ となっている）という仮定があれば，

(L) $$\lim_{n\to\infty}\int_E f_n \, d\mu = \int_E f \, d\mu$$

が成り立つという内容です。右辺の f は $\lim_{n\to\infty} f_n$ と書けるので，この主張は，積分してから極限を取るのと，極限を取ってから積分するのとは，どちらの順序で行っても同じ結果を与える，ということを意味します。このことを，積分と極限の順序交換が可能である，と言い表します。

微分方程式の解の存在と一意性のところでも見たように，具体的にはわからない解をつかまえるためには，それに収束する関数列を作るというのがよく用いられる方法でした。また微分方程式を積分を用いて表すというのも有効でよく用いられる手法です。そうしたときに，(L) のような等式が成り立ってほしい状況がよく現れるのです。たとえば解の存在と一意性の証明中に現れた $(I)_n$ という式に対して $n\to\infty$ という極限を取るという操作がありました。これをきちんと書くと，

$$\lim_{n\to\infty} y_n(x) = b + \lim_{n\to\infty}\int_a^x F(t, y_{n-1}(t))\,dt$$

という操作を行うのですが，ここで右辺において

$$\lim_{n\to\infty}\int_a^x F(t, y_{n-1}(t))\,dt = \int_a^x \lim_{n\to\infty} F(t, y_{n-1}(t))\,dt$$

$$= \int_a^x F(t, \lim_{n\to\infty} y_{n-1}(t))dt$$

が成り立って初めて,$\lim_{n\to\infty} y_n(x) = y(x), \lim_{n\to\infty} y_{n-1}(t) = y(t)$ によって

$$y(x) = b + \int_a^x F(t, y(t))dt$$

が得られて,極限の $y(x)$ が解になることが示されます。この場合の積分はリーマン積分でしたが,この場合の関数列 $\{y_n(x)\}$ はとてもよい収束の仕方をするので,積分と極限の順序交換が可能となり,以上の議論が正当化されます。(第2の等式で lim を F の中に入れることができるのは,$F(x,y)$ が連続であるからです。)しかしリーマン積分において積分と極限の順序交換が可能となるためには,関数列はかなりよい収束の仕方をしなくてはならず,そのハードルはかなり高いものになります。

一方ルベーグ積分ではそのハードルがものすごく低く,ほとんどいつでも積分と極限の順序交換ができる,というのがルベーグの収束定理の述べるところです。その結果,ルベーグ積分を用いると,リーマン積分を用いた場合には得られなかった解がしばしば得られることになります。これは何を意味するのでしょう。

リーマン積分は従来の関数の見方による積分で,扱うのは定義域の各点で値が決まるという意味での関数です。しかしルベーグ積分では新しい見方の関数を扱い,積分に対する振る舞いはわかるけれど各点での値は述べられないような関数が現れます。したがってルベーグ積分を用いて微分方程式を

解いたときには,その解はリーマン積分で扱えるような普通の関数ではなく,もっと複雑な関数であるかもしれないのです。つまり普通ではない関数にまで解の範囲を広げたため,リーマン積分による解析では解けなかった方程式が解けるようになった,という可能性があるのです。なお,ルベーグ積分を用いて得られた解についても,他に何か適当な条件があれば,普通の意味の関数ととらえられることもあります。

この節の最後に,読者の方々に1つ問題です。リーマン積分とルベーグ積分の違いは,縦長の長方形を考えるか横長の長方形を考えるかということで,たいした違いはないようにも思えるのですが,なぜルベーグ積分の方が極限に対する振る舞いがよいのでしょうか。

関数解析

フーリエの熱方程式の研究は独創性にあふれたもので,それが刺激となって解析学が大きく進展した様子を述べてきました。フーリエの独創的なアイデアの1つに,関数をあたかもベクトルのように扱って,内積を駆使して関数を求める手法がありました。これは関数の全体をベクトルの集まり(ベクトル空間)と見る発想で,この発想の下に解析学の大きな分野が立ち上がったのです。それは関数解析と呼ばれる分野です。

フーリエの議論は関数をベクトルと見なすものでしたが,その議論においてベクトルと見なされた関数に求められていた性質は何だったでしょうか。それは3つあって,1つは和が取れること,もう1つは定数倍できること,そして最後に

内積が定義されることでした。

平面や空間のベクトルは矢印で表され,また座標を用いるといくつかの数の組(数ベクトル)としても表されるものでした。2つのベクトルは和を取ることができて,その結果はまたベクトルとなります。またベクトルは定数倍することができて,その結果もまたベクトルになります。矢印と思ったときの2つのベクトルの和は,矢印をつなげる操作として実現されますし,また定数倍は,矢印の向きを変えずに長さを変化させる操作として実現されます。

関数は矢印ではないのでこういった実現はできませんが,数の和や積に基づいてつつがなく和と定数倍が定義されます。この2つの性質——和が取れること,定数倍できること——がベクトルの本質であると考えて,抽象化することでベクトル空間の概念が定義されます。

すなわち,集合 V について,V の2つの元は足すことができてその結果はまた V の元となる,V の元に数を掛けることができてその結果もまた V の元になる,という2つの条件をみたす場合に,V をベクトル空間(または線形空間)と呼ぶことにします。これらの条件を式で表しておきましょう。

(V)
$$u, v \in V \Rightarrow u + v \in V$$
$$u \in V, \alpha \in \mathbb{R} \Rightarrow \alpha u \in V$$

この2条件をみたせばよいので,ベクトル空間 V の元はもはやベクトルではないかもしれませんが,ベクトル空間という呼び方はよく使われます。(線形空間の呼び方の方が無用

の混乱を避けられますね。）さらに単に「空間」ということで，ベクトル空間（線形空間）を意味する場合も多くあります。

2つの多項式の和はまた多項式になり，多項式の定数倍も多項式なので，多項式全体の集合（P とおきましょう）はベクトル空間になります。P の元はベクトルではなく多項式です。しかし，たとえば三角形全体の集合を考えると，2つの三角形を足すとはどういうことか，その結果は三角形になるのか，といったところで躓くので，これはベクトル空間にはなりません。

さて3つ目の性質として内積が定義されること，というのがありました。この性質もベクトル空間の定義に加えるというやり方も考えられますが，この性質はベクトル空間とは分離するのが現代数学の流儀となっています。ただしここではフーリエの議論がもたらしたものを見たいと思いますので，内積が定義されているようなベクトル空間 V を考えることにします。内積とは V の2つの元 u, v に対して数を対応させる操作で，その数を (u, v) と書くとき

$$(\text{IP}) \begin{cases} (v, u) = (u, v) \\ (u+v, w) = (u, w) + (v, w) \\ (u, v+w) = (u, v) + (u, w) \\ (\alpha u, v) = \alpha(u, v) \\ (u, \alpha v) = \alpha(u, v) \\ (u, u) \geqq 0 \\ (u, u) = 0 \Leftrightarrow u = 0 \end{cases}$$

という性質をみたすものとして定義されます。（この条件は第4章で既に現れたものです。）ただし $u, v, w \in V, \alpha \in \mathbb{R}$ で，最後の条件に現れる $u=0$ の 0 とは，V には足し算が定義されているので，足し算に関して相手を変えない働きをする V の特別な元を指します。数でいえば 0 に相当するもので，零元（ゼロ元）と呼ばれます。この内積の定義も平面や空間のベクトルに定義される内積を抽象化したもので，フーリエの議論では関数の積を積分することで内積が定義されていました。

さらにフーリエの熱方程式の解法においては，無限個の関数の和を取るという操作がありました。この無限和の意味づけを追究していく中で，実数・極限といった概念が生まれていった様子を第5章で見ましたが，数の極限とかコーシー列は，差の絶対値がどんどん小さくなる，という形で定義されていました。つまり無限和を含む極限などを考えるときには，絶対値というものが必要になるのです。

さて，ベクトル空間 V に内積が定義されていると，内積を使って絶対値に相当するものを定義することができます。それは平面ベクトルとか空間ベクトルにおける長さを考えればよくて，ベクトルの長さは内積を用いて定義されていました。そこで内積が定義されているベクトル空間 V においては，$u \in V$ の長さ（「ノルム」と呼びます）$\|u\|$ を，

$$\|u\| = \sqrt{(u, u)}$$

により定義します。このノルムの定義から，次の基本性質が導かれます。

(N) $\begin{cases} \|u\| \geq 0 \\ \|u\| = 0 \Leftrightarrow u = 0 \\ \|\alpha u\| = |\alpha|\|u\| \\ \|u+v\| \leq \|u\|+\|v\| \end{cases}$

ただし $u, v \in V, \alpha \in \mathbb{R}$ です。

3番目までは定義からすぐに導けますので,4番目の不等式(三角不等式と呼ばれます)を示しましょう。(IP)の6番目の性質より,任意の実数 t に対して $(u+tv, u+tv) \geq 0$ となりますが,この左辺を(IP)の5番目までの性質を使って展開すると,

$$0 \leq (u+tv, u+tv) = (u,u) + 2t(u,v) + t^2(v,v)$$
$$= \|u\|^2 + 2t(u,v) + t^2\|v\|^2$$

が得られます。これを t の2次式と見ると,すべての実数 t に対して値が0以上であるような2次式においては,その判別式が0以下になりますので,

$$(u,v)^2 - \|u\|^2\|v\|^2 \leq 0$$

が得られ,移項して平方根を取ることで

$$|(u,v)| \leq \|u\|\|v\|$$

が得られます。すると三角不等式は,次の計算から導かれます。

$$\|u+v\|^2 = (u+v, u+v)$$

$$= (u,u) + 2(u,v) + (v,v)$$
$$= \|u\|^2 + 2(u,v) + \|v\|^2$$
$$\leq \|u\|^2 + 2\|u\|\|v\| + \|v\|^2$$
$$= (\|u\| + \|v\|)^2$$

　定義がだいぶ続いたので,話をまとめておきましょう。フーリエの熱方程式の解法においては,関数を内積が定義されているベクトル空間の元と見て解を構成するということが行われ,さらにその解は無限和で表されたのでした。無限和の収束については絶対値の概念が必要となるのですが,都合のよいことに内積が定義されていると絶対値に相当するノルムが定義できることもわかりました。したがってノルムを用いて,極限とかコーシー列の定義ができます。ベクトル空間 V の元の列 $\{v_n\}$ が $v \in V$ に収束する(極限が v である)とは,

$$\|v_n - v\| \to 0 \quad (n \to \infty)$$

が成り立つこととし,列 $\{v_n\}$ がコーシー列であるとは,

$$\|v_m - v_n\| \to 0 \quad (m, n \to \infty)$$

が成り立つことと定義します。これらは実数における定義の絶対値のところを,ノルムで置き換えたものですね。

　さて実数においては,あらゆるコーシー列が収束する(極限を持つ)ということが成り立ち,そのため実数が解析学を考える土台にふさわしい場となったのでした。よって内積が定義されたベクトル空間においても,やはりコーシー列が収束するようになっていてほしいと考えます。そうなっている

と，微分方程式の解を求めるときに，その解に近づいていくと思われる関数列を構成して，それがコーシー列になっていることを確かめれば済みます。そこで，内積が定義されているベクトル空間で，その空間におけるコーシー列が必ず収束するようなものを考えることにします。このようなベクトル空間を**ヒルベルト空間**と呼びます。なおコーシー列が必ず収束するという条件を，**完備**と呼びます。

平面ベクトルの全体 $\mathbb{R}^2$，空間ベクトルの全体 $\mathbb{R}^3$，さらに n 次元ベクトルの全体 $\mathbb{R}^n$ はいずれもヒルベルト空間です。これらの空間には，特別な基底がとれます。$\mathbb{R}^n$ で述べますと，$\mathbb{R}^n$ のベクトルの n 個の組 $\{u_1, u_2, \cdots, u_n\}$ であって，それぞれが互いに直交し，それぞれの長さ（ノルム）が 1 であるようなものです。式で表すと

(ON) $\qquad (u_i, u_j) = 0 \ (i \neq j), \ (u_i, u_i) = 1$

をみたすということです。このような組があると，$\mathbb{R}^n$ の任意のベクトル u は

$$u = \alpha_1 u_1 + \alpha_2 u_2 + \cdots + \alpha_n u_n \quad (\alpha_i \in \mathbb{R})$$

という形に 1 通りに表されます。そしてこのときの係数 α_i は内積を使って次のように求められます。

$$\begin{aligned}(u, u_i) &= (\alpha_1 u_1 + \cdots + \alpha_i u_i + \cdots + \alpha_n u_n, u_i) \\ &= \alpha_1(u_1, u_i) + \cdots + \alpha_i(u_i, u_i) + \cdots + \alpha_n(u_n, u_i) \\ &= \alpha_i\end{aligned}$$

最後の等式を示すのに（ON）を使いました。このような組 $\{u_1, u_2, \cdots, u_n\}$ のことを正規直交基底といいます。正規＝長さが1，直交＝互いに直交している，基底＝すべてのベクトルを表すことができる，という意味です。

たとえば $\mathbb{R}^2$ の正規直交基底として，

$$\left\{\begin{pmatrix}1\\0\end{pmatrix}, \begin{pmatrix}0\\1\end{pmatrix}\right\}, \left\{\begin{pmatrix}\dfrac{1}{\sqrt{2}}\\ \dfrac{1}{\sqrt{2}}\end{pmatrix}, \begin{pmatrix}-\dfrac{1}{\sqrt{2}}\\ \dfrac{1}{\sqrt{2}}\end{pmatrix}\right\}$$

などが取れます。これらが正規直交基底になっていることを示すのはよい練習問題です。

微分方程式の研究に登場するヒルベルト空間は，関数の集まりを考えることが多く，$\mathbb{R}^n$ のように有限個の基底ではすべての元を表せないものになります。したがって無限個の基底を用意する必要があり，すると一般の元は必然的に基底の無限和で表されることになります。よってその収束が常に問題となります。そこでこのような無限次元のヒルベルト空間においては，単に互いに直交してノルムが1というだけではなく，すべての元を収束する無限和で表すことができる，という条件もみたした基底が必要となるのです。そのような基底を**完全正規直交基底**と呼びます。ヒルベルト空間 V に完全正規直交基底 $\{u_n\}$ があったとすると，任意の元 $v \in V$ は

$$v = \sum_{n=1}^{\infty} \alpha_n u_n$$

という収束する和で表され，そのときの係数 α_n は内積を使って

$$\alpha_n = (v, u_n)$$

によって求めることができます。その仕組みは $\mathbb{R}^n$ のときと同様です。これはフーリエの熱方程式における議論の一般化になっていることがわかりますね。

（主に有限次元の）ベクトル空間に関する理論体系を線形代数といいます。線形代数では固有値・スペクトル分解など多くの有用な概念があります。そこでヒルベルト空間の研究にもこれらの有用な概念を移入して，多くの成果が得られています。

ここで話を切り替えましょう。ベクトル空間に内積が定義されていると，それからノルムが定義できて，そうするとコーシー列が常に収束するという条件（完備性）を定義することもできました。よく考えると完備性を定義するには内積は必要なく，ノルムだけがあれば十分です。そこで内積の存在は仮定せず，条件（N）をみたすものとしてノルムが定義されているようなベクトル空間を考えます。ノルムが定義されているベクトル空間が完備であるとき，**バナッハ空間**と呼ばれます。バナッハ空間は，和と定数倍と絶対値が定義される集合でコーシー列が収束するもの，ととらえると，ベクトル空間というよりは実数全体の集合を拡張した概念ととらえるのが自然かもしれません。

いくつか例を挙げていきたいと思います。先に多項式全体の集合 P はベクトル空間になることを見ました。多項式 $f(x)$ に対してそのノルム $\|f\|$ を

$$\|f\| = \max_{0 \leq x \leq 1} |f(x)|$$

により定義します。max の記号は，x が $0 \leq x \leq 1$ の範囲を動くときの $|f(x)|$ の最大値を意味します。これがノルムの条件（N）をみたすことを確かめてみます。

まず $\|f\| \geq 0$ は明らかですね。また（N）の 3 番目の条件 $\|\alpha f\| = |\alpha| \|f\|$ も少し考えればわかります。$\|f\| = 0$ であるためには，区間 $0 \leq x \leq 1$ で $f(x)$ は常に 0 という値を取らなければならないので，そのような多項式は恒等的に 0 しかありません。よって 2 番目の条件も成り立ちます。4 番目の条件を示しましょう。$f(x), g(x)$ を 2 つの多項式とします。区間 $0 \leq x \leq 1$ において，$|f(x)|$ は $x = x_1$ で最大値を取り，$|g(x)|$ は $x = x_2$ で最大値を取るとすると，この区間のすべての x に対して，

$$|f(x) + g(x)| \leq |f(x)| + |g(x)| \leq |f(x_1)| + |g(x_2)| = \|f\| + \|g\|$$

となりますから，左辺の最大値（それが $\|f+g\|$ でした）も $\|f\| + \|g\|$ 以下になることがわかります。したがって多項式全体の集合 P はノルムが定義されたベクトル空間となります。

しかし，実は P は完備にならず，バナッハ空間ではありません。そこで次に関数からなるベクトル空間でバナッハ空間になる例を紹介します。

p を $p \geq 1$ をみたす数とするとき，

$$L^p(\mathbb{R}) = \left\{ f ; \int_{\mathbb{R}} |f|^p \, d\mu < \infty \right\}$$

と定義します。この集合は，絶対値の p 乗を $\mathbb{R}$ 上でルベーグ積分したときに，値が有限になる（発散しない）関数の集まりです。この集合はベクトル空間になります。$f \in L^p(\mathbb{R})$ の定数倍がまた $L^p(\mathbb{R})$ の元になることは明らかですが，$L^p(\mathbb{R})$ が和について閉じていることはすぐにはわかりません。これを示すため，次の不等式を示しましょう。$x, y \geq 0$ とするとき

$$(x+y)^p \leq 2^p (x^p + y^p)$$

が成り立ちます。これは，$0 \leq x \leq y$ とすると

$$(x+y)^p \leq (2y)^p = 2^p y^p$$

となり，逆に $0 \leq y \leq x$ なら

$$(x+y)^p \leq (2x)^p = 2^p x^p$$

が得られるからです。これを使うと，$f, g \in L^p(\mathbb{R})$ のとき

$$|f+g|^p \leq (|f|+|g|)^p \leq 2^p (|f|^p + |g|^p)$$

の右辺の積分が有限となるので，左辺の積分も有限となり，$f+g \in L^p(\mathbb{R})$ が結論されます。$L^p(\mathbb{R})$ のノルムは

$$\|f\| = \left(\int_{\mathbb{R}} |f|^p \, d\mu \right)^{1/p}$$

により定義します。これがノルムの条件（N）をみたすことが示せますが，4番目の条件（三角不等式）をみたすことを示

すには少し技術が要ります（ここでは示しません）。$L^p(\mathbb{R})$ が完備であることは，ルベーグの収束定理から導けます。したがって $L^p(\mathbb{R})$ はバナッハ空間です。しかし $p \neq 2$ のときには，$L^p(\mathbb{R})$ には $(f, f) = \|f\|^2$ となるような内積 (f, g) が存在しません。もし存在したとすると，

$$\|f+g\|^2 = (f+g, f+g) = (f, f) + 2(f, g) + (g, g)$$
$$= \|f\|^2 + 2(f, g) + \|g\|^2$$

となるので

$$(f, g) = \frac{1}{2}(\|f+g\|^2 - \|f\|^2 - \|g\|^2)$$

となるはずです。ところがノルム $\|f\|$ の定義に照らすと，たとえば

$$\|\alpha f + g\| = \left(\int_{\mathbb{R}} |\alpha f + g|^p \, d\mu\right)^{1/p}$$

などとなるわけですから，$(\alpha f, g) = \alpha (f, g)$ などは成り立たないことがわかります。したがって $p \neq 2$ のときの $L^p(\mathbb{R})$ はヒルベルト空間ではないバナッハ空間となります。一方 $p = 2$ のときは，上のようにノルムから定めた (f, g) が内積になってくれることが示せます。（証明してみて下さい。）内積はもっと直接的に

$$(f, g) = \int_{\mathbb{R}} fg \, d\mu$$

で与えられることもわかるでしょう。したがって $L^2(\mathbb{R})$ はヒルベルト空間となります。

6 微分方程式

バナッハ空間を用いた微分方程式の研究においては，縮小写像の原理と呼ばれる定理を使うのがスタンダードです。X をバナッハ空間とします。$x,y \in X$ に対して，その距離 $d(x,y)$ をノルムを用いて

$$d(x,y) = \|x-y\|$$

で定義します。X から X への写像 T が縮小写像であるとは，ある定数 $0<k<1$ が存在して

$$d(T(x),T(y)) \leqq kd(x,y)$$

がすべての $x,y \in X$ について成り立つことです。つまり組 x,y を一斉に T で移すと，その距離は元の x,y 間の距離の k 倍よりも小さくなるというものです。

定理 6.2（縮小写像の原理，不動点定理）バナッハ空間における縮小写像には，不動点がただ 1 つ存在する。

不動点というのは，$T(x)=x$ となる点のことです。証明は次のようにします。勝手な点 $x_0 \in X$ を取り，

$$x_1 = T(x_0), x_2 = T(x_1), x_3 = T(x_2), \cdots, x_n = T(x_{n-1}), \cdots$$

によって点の列 $\{x_n\}$ を作ります。もしこれが $\bar{x} \in X$ に収束することがわかると，$x_n = T(x_{n-1})$ の両辺で $n \to \infty$ とすることで $\bar{x} = T(\bar{x})$ が得られ，$\bar{x}$ は不動点となります。そして T が縮小写像であることを使うと，この列 $\{x_n\}$ がコーシー列になることが示されます。やってみましょう。まず

$$d(x_{n-1}, x_n) = d(T(x_{n-2}), T(x_{n-1})) \leq kd(x_{n-2}, x_{n-1})$$

ですから,これを繰り返し使うと

$$d(x_{n-1}, x_n) \leq k^{n-1} d(x_0, x_1)$$

が得られます。すると $m < n$ のとき

$$d(x_m, x_n) \leq d(x_m, x_{m+1}) + d(x_{m+1}, x_{m+2}) + \cdots + d(x_{n-1}, x_n)$$

$$\leq (k^m + k^{m+1} + \cdots + k^{n-1}) d(x_0, x_1)$$

$$= k^m \frac{1-k^{n-m}}{1-k} d(x_0, x_1)$$

$$\leq \frac{k^m}{1-k} d(x_0, x_1) \to 0 \quad (m, n \to \infty)$$

となります。よって列 $\{x_n\}$ はコーシー列で,極限 $\bar{x}$ の存在が結論されます。不動点がただ1つに限るのは,2つあったとすると,それらを x, y とするとき $x = T(x), y = T(y)$ なので

$$d(x, y) = d(T(x), T(y)) \leq kd(x, y)$$

が得られ,$0 < k < 1$ でしたからこれが成り立つのは $d(x, y) = 0$ のとき,すなわち $x = y$ のときに限る,というわけです。

定理 6.1 で微分方程式の解の存在を示すのに,微分方程式を積分方程式に書き換えました。(I) という番号をつけていた式ですが,あらためて書きますと

$$y(x) = b + \int_a^x F(t, y(t)) dt$$

です。この積分方程式は，写像 T を

$$T(y) = b + \int_a^x F(t, y(t)) dt$$

によって定義したとすると

$$T(y) = y$$

と表されるので，T の不動点が微分方程式の解となります。したがってバナッハ空間 X を適切に設定して，T が X から X への縮小写像になるようにできれば，定理 6.2 から定理 6.1 の結論を得ることができます。

縮小写像の原理は，定理 6.1 に限らず幅広い場面に適用でき，多くの微分方程式の解法に活躍します。与えられた微分方程式に対して，うまくバナッハ空間を設定して，その微分方程式から導かれる写像 T が縮小写像になるようにすればよいのです。これは解析学における新しい有力な手法となりました。

7　複素解析

　ここまで1つの流れに沿って解析学が成長していく様子を見てきましたが，ここで少し視点を変えて，複素数を使った関数について考えてみたいと思います。自然現象を調べるということから解析学が始まったので，関数は自然現象を表すものとして現れ，その変数は時間 t であったり場所を表す座標 (x,y,z) であったりします。時間や場所は実数で表されるので，関数とは実数を変数とするものでした。

　ところで数には実数の他に複素数というものが存在します。複素数は解を持たない代数方程式が解を持つように，ということで考案された数と思われます。2次方程式

$$x^2+1=0$$

は，どんな実数 x を持ってきても $x^2 \geqq 0$ となるので解を持ちません。そこで仮想的に $i^2=-1$ となる「数」i があると考えることにすると，この2次方程式は $i, -i$ という2つの解を持つことになります。（この定め方から，i は $\sqrt{-1}$ とも書かれます。）そしてこの数 i を使うと，どんな2次方程式も必ず解を持つようになります。たとえば2次方程式

$$x^2-2x+4=0$$

では，左辺を

$$x^2-2x+4=(x-1)^2+3$$

と書いてみればわかるように，x を実数とする限り正の数となって 0 になることはありません。しかし i を使って

$$x=1\pm i\sqrt{3}$$

とおけば，

$$x^2-2x+4=(x-1)^2+3=(\pm i\sqrt{3})^2+3$$
$$=i^2\times 3+3=-3+3=0$$

となって解になります。このように 2 つの実数 a, b を用いて

$$a+ib$$

と表される数のことを複素数と呼びます。特に $b=0$ とおけば複素数は実数 a となりますから，実数は複素数の一部となります。

複素数まで数の範囲を広げると，実数を係数とする代数方程式は必ず解を持つことが示されます。この事実は「代数学の基本定理」と呼ばれ，ガウスによって証明されました。

数の範囲が広がったので，方程式の係数も実数に限らずに複素数にすることも考えられます。それでは，複素数を係数とする代数方程式は，複素数の範囲で解けるでしょうか？

あるいはさらに数の範囲を広げて「複素複素数」のようなものを考えなければならないでしょうか？　これは有理数から実数を構成するときに考えたのと類似の問題です。答えを含むようにするために数の範囲を広げると，問題の方も広がってしまうので，さらに答えとなる数の範囲を広げなければならないか，あるいは広げる必要はないのか，という状況ですね。

実は複素数は完結した体系で，複素数を係数とする代数方程式も複素数の範囲内で解を持ちます。代数学の基本定理はこのことも示しています。1つだけ例を見てみましょう。2次方程式

$$x^2 + i = 0$$

を考えます。これを $x^2 = -i$ と書くと，$\sqrt{-i}$ という新しい仮想的な数を導入しなくてはいけないのではないか，と思うかもしれませんが，そんなことをしなくても

$$x = \pm\left(\frac{1}{\sqrt{2}} - \frac{i}{\sqrt{2}}\right)$$

という2つの複素数が解となります。（これは簡単な計算で確かめられます。）

このように複素数は代数方程式を解くということに関しては完全な存在で，存在する必然性が感じられますが，一方で我々になじみの実数の感覚からすると，2乗して負になる数というのはあくまで想像上のものであって，実在はしないだ

ろう，という気持ちにもなります．実際，iとか$2i$のように2乗して負になる数は，虚数という呼ばれ方もします．（英語ではimaginary：〈想像上の〉という形容詞をつけて呼ばれます．）これは気持ち・感覚の問題でもあるので，論理によって複素数の実在を納得させるのは難しいところです．

ところがガウスは，複素数が目に見える実在であることを鮮やかに示す方法を与えました．複素数は2つの実数a, bを用いて$a+ib$と表されるのでしたから，1つの複素数を与えることと2つの実数を与えることは同じです．2つの実数の組は2次元平面上の点を表すと思えるので，これらの見方をつなげて，1つの複素数は2次元平面の1点を表している，と考えることができます．こうして平面を複素数の居場所と見なしたとき，その平面のことを**複素平面**[2]といいます．

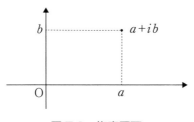

図 7.1 複素平面

複素数を平面上の点と見なす，というやり方は，複素数を実在のものと感じさせるのに有効ですが，それだけではない非常に重要な意味を持ちます．それは，複素数における四則

---

[2] 高校の教科書では「複素数平面」ということばが使われますが，高校以外では「複素平面」という言い方のほうが普通です．

演算が，平面の点に対する幾何学的操作に翻訳できるからです。その様子を見てみましょう。

2つの複素数

$$z_1 = a_1 + ib_1, \ z_2 = a_2 + ib_2$$

を用意します。これらはそれぞれ (a_1, b_1), (a_2, b_2) という座標の点にあると考えます。これらをまず足してみましょう。

$$z_1 + z_2 = (a_1 + ib_1) + (a_2 + ib_2) = (a_1 + a_2) + i(b_1 + b_2)$$

となるので，その結果は $(a_1 + a_2, b_1 + b_2)$ という座標の点になります。これはベクトルの和

$$(a_1, b_1) + (a_2, b_2) = (a_1 + a_2, b_1 + b_2)$$

と同じ操作ですから，複素数の和は，平面の原点を始点，各複素数を終点とする2つのベクトルの和を取る，という幾何学的操作に一致します。引き算についても同様に，$z_1 - z_2$ は対応するベクトルの差となります（図7.2）。

次に積と商を考えます。この場合には別の見方が役に立ちます。複素数 $z = a + ib$ を表す平面上の点 (a, b) と原点を結ぶ線分 ℓ を考え，ℓ の長さを r，ℓ と x 軸の正の部分とのなす角を θ とおきます。平面のことばで言うと，点 (a, b) の極座標 (r, θ) を考えるということです。r を z の絶対値といい，$|z|$ で表します。また θ を z の偏角といい，$\arg z$ で表します。$(r, \theta) = (|z|, \arg z)$ から z を復元するには，平面上で極座標 (r, θ) で定まる点の x 座標と y 座標を求めればよくて，それらはそれぞれ $r \cos \theta, r \sin \theta$ となりますから

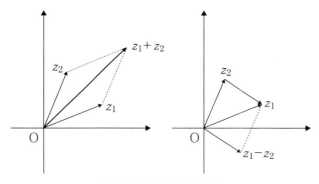

図 7.2　複素数の和と差

$$z = r\cos\theta + ir\sin\theta$$

と復元できます。オイラーの公式

$$e^{i\theta} = \cos\theta + i\sin\theta$$

をご存じであれば，この z は

$$z = r(\cos\theta + i\sin\theta) = re^{i\theta}$$

と簡潔に表されることがわかります。

さてそれでは積と商を調べましょう。2つの複素数 z_1, z_2 を用意しますが，それぞれ絶対値と偏角で表されているとして，

$$z_1 = r_1(\cos\theta_1 + i\sin\theta_1),\ \ z_2 = r_2(\cos\theta_2 + i\sin\theta_2)$$

で与えられているとします。このとき，三角関数の加法定理

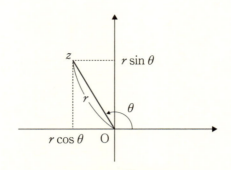

図 7.3 複素数の極座標表示

を用いると,

$$\begin{aligned}z_1 z_2 &= r_1(\cos\theta_1 + i\sin\theta_1)r_2(\cos\theta_2 + i\sin\theta_2)\\ &= r_1 r_2\{(\cos\theta_1\cos\theta_2 - \sin\theta_1\sin\theta_2)\\ &\quad + i(\cos\theta_1\sin\theta_2 + \cos\theta_2\sin\theta_1)\}\\ &= r_1 r_2\{\cos(\theta_1+\theta_2) + i\sin(\theta_1+\theta_2)\}\end{aligned}$$

が得られます。つまり積 $z_1 z_2$ では,絶対値はそれぞれの絶対値の積となり,偏角はそれぞれの偏角の和となるのです。記号で表せば

$$|z_1 z_2| = |z_1||z_2|, \ \arg(z_1 z_2) = \arg z_1 + \arg z_2$$

ということです。(なお上の計算は,オイラーの公式による表示を使えば,

$$r_1 e^{i\theta_1} r_2 e^{i\theta_2} = r_1 r_2 e^{i(\theta_1+\theta_2)}$$

と直ちに得られます。)なお割り算についても(少し計算は必

要ですが）同様で，

$$\frac{z_1}{z_2} = \frac{r_1}{r_2} e^{i(\theta_1 - \theta_2)}$$

となることがわかります。すなわち

$$\left|\frac{z_1}{z_2}\right| = \frac{|z_1|}{|z_2|}, \ \arg\left(\frac{z_1}{z_2}\right) = \arg z_1 - \arg z_2$$

ということになります。

こうして，平面上の点として与えられた2つの複素数 z_1, z_2 に対して，その積がどの点になるかというと，原点からの距離が $r_1 r_2$（つまりそれぞれの複素数の原点からの距離を掛け合わせたもの），x 軸の正の方向から測った角が $\theta_1 + \theta_2$ ということで決まる点，となるわけです。

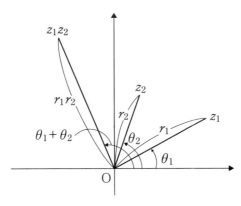

図 7.4 複素数の積

複素数は和を考えるときは平面ベクトルと思うことができました。2つの平面ベクトルの積を作って第3の平面ベクトルを作ることはできませんが，複素数の場合にはそれも可能になるという点で，複素数は単なる平面ベクトル以上の構造を持っているのです。

こうして複素数は平面を動き回る実在として，はっきりととらえられることになりました。

複素関数

複素数を変数とする関数を複素関数と呼びましょう。複素関数としてどのようなものがあるか，いろいろ見ていきたいと思います。

これまですでに見てきましたが，2つの複素数を足したり引いたり掛けたり割ったりしても，また複素数となります。たとえば

$$(1+2i)+(3+4i) = 4+6i,$$
$$(1+2i)\times(3+4i) = 3+4i+6i+8i^2$$
$$= 3+10i+8(-1) = -5+10i$$

といった具合です。したがって四則演算で値が得られる多項式は，複素変数の関数と考えることができます。つまり

$$f(x) = 2x^3-x+3$$

などという多項式があったら，変数 x は実数の範囲を動くと思っても複素数の範囲を動くと思っても，意味をつけられるということです。いくつか値を求めてみるなら，

$$f(2) = 2\times 2^3 - 2 + 3 = 17,$$
$$f(i) = 2i^3 - i + 3 = -2i - i + 3 = 3 - 3i,$$
$$f(1-i) = 2(1-i)^3 - (1-i) + 3 = -2 - 3i$$

となります。さらに，多項式の係数は，実数に限らず複素数としても大丈夫です。こうして複素数係数の多項式は複素関数となることがわかりました。z を複素変数とすると

> 多項式　$f(z) = a_0 z^n + a_1 z^{n-1} + \cdots + a_{n-1} z + a_n$

ここで係数 $a_0, a_1, \cdots, a_n$ は複素数です。

割り算も考えれば，2つの多項式の商として表される有理関数も，複素関数になります。

> 有理関数　$f(z) = \dfrac{a_0 z^m + a_1 z^{m-1} + \cdots + a_{m-1} z + a_m}{b_0 z^n + b_1 z^{n-1} + \cdots + b_{n-1} z + b_n}$

ここで $a_0, a_1, \cdots, a_m, b_0, b_1, \cdots, b_n$ は複素数。

一方，変数 x が実数であるときに限って意味を持つような関数は，x を複素変数 z で置き換えて複素関数を作ることはできません。たとえば三角関数 $\sin x, \cos x$ においては，変数 x は角度を表していて，「複素角度」というものが定義されない限りそのまま複素関数にすることは不可能です。

このように見てきて，どんな関数 $f(x)$ も単純に x を z に変えるだけで複素関数ができるわけではない，しかし中にはそれで複素関数ができるものもある，ということがわかったかと思います。単純な置き換えで複素関数にできるのは，たとえば変数 x に対して四則演算を行うような関数でした。

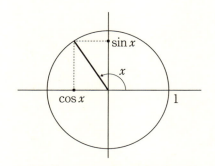

図7.5 三角関数の定義

さて，多項式に複素関数としての意味を持たせることができたので，多項式の延長線上にあるベキ級数についても複素関数としての意味を持たせることができるのではないかと考えられます。たとえば指数関数 e^x は

$$e^x = 1 + \frac{x}{1!} + \frac{x^2}{2!} + \frac{x^3}{3!} + \cdots = \sum_{n=0}^{\infty} \frac{x^n}{n!}$$

というベキ級数で表されます。e^x は $e=2.71828182845\cdots$ という数の x 乗というのが，まあ素朴な定義です。それがこのような無限和で表されるというのは大事な数学的事実ですが，ここではその説明はしません。

さて無限和に現れる各項 $\dfrac{x^n}{n!}$ は x の単項式ですから，x を複素数 z に置き換えても意味を持ちます。したがって複素数を無限個足すということに意味がつけられれば，これを複素関数に拡張することができるでしょう。次のように考えます。$n=0, 1, 2, \cdots$ に対して

$$S_n = \sum_{k=0}^{n} \frac{z^k}{k!} = 1 + \frac{z}{1!} + \frac{z^2}{2!} + \cdots + \frac{z^n}{n!}$$

とおきます。これはnがどんなに大きくても多項式ですから複素関数としてはっきりとした意味を持ち，ある複素数になります。したがって2つの実数A_n, B_nを用いて

$$S_n = A_n + iB_n$$

と表すことができます。もし2つの実数列$\{A_n\}, \{B_n\}$がともに収束するなら，それぞれの極限をA, Bとおいたとき

$$S_n \to A + iB$$

となってS_nは複素数$A+iB$に収束することがわかります。$\{A_n\}, \{B_n\}$は，どんな複素数zを持ってきても収束することが証明できます（証明はノート B* を参照）。したがって我々は指数関数の複素数への拡張

(E) $$e^z = \sum_{n=0}^{\infty} \frac{z^n}{n!}$$

という新しい複素関数を手に入れました。

　このようにベキ級数を複素変数で考えるというのは，多項式の場合と同様にごく自然な発想で，オイラーをはじめとする優れた数学者たちは，何ら躊躇することなくベキ級数を複素変数で考えていました。前節で少し言及したオイラーの公

---

* ブルーバックス公式 HP の「既刊一覧」をクリックし，『はじめての解析学』を選びます。そこにある「付録」をクリックして下さい。

式は，その賜物の1つです。三角関数 $\sin x, \cos x$ においては x は角度を表す変数でしたが，それぞれテイラー展開というものを考えることができ，

$$\sin x = x - \frac{x^3}{3!} + \frac{x^5}{5!} - \frac{x^7}{7!} + \cdots,$$

$$\cos x = 1 - \frac{x^2}{2!} + \frac{x^4}{4!} - \frac{x^6}{6!} + \cdots$$

というベキ級数で表されることが知られています。オイラーは e^z において $z=ix$ とおくと，その結果が $\cos x$ のテイラー展開に $\sin x$ のテイラー展開の i 倍を加えたものに一致することに気づき，オイラーの公式

$$e^{ix} = \cos x + i \sin x$$

を発見したのです。

なお $\sin x, \cos x$ のテイラー展開はベキ級数ですから，指数関数の場合と同じようにベキ級数の x のところを z に置き換えるだけで複素関数 $\sin z, \cos z$ が得られます。

$$\sin z = z - \frac{z^3}{3!} + \frac{z^5}{5!} - \frac{z^7}{7!} + \cdots,$$

$$\cos z = 1 - \frac{z^2}{2!} + \frac{z^4}{4!} - \frac{z^6}{6!} + \cdots$$

三角関数で変数を角度と見る限り複素関数へは拡張できなかったのですが，テイラー展開という形にすることで変数 x の意味を抽象化することができ，そのため複素変数にすることが可能になったというわけです。

オイラーはベキ級数に限らず級数を扱うことに関して天才

で，級数の魔術師と言いたくなるような驚くべき発見を数多く残しました。特に有名なのは

$$\zeta(s) = \sum_{n=1}^{\infty} \frac{1}{n^s} = 1 + \frac{1}{2^s} + \frac{1}{3^s} + \cdots$$

というゼータ関数と呼ばれる級数に関する驚くべき発見です。

この級数は$s>1$のときに収束することが示されます。一方$s \leq 1$では発散するので，意味を持ちません。ところがオイラーはまさに天才としかいいようのない考察を行い，$s=-1$のときの値が$-\frac{1}{12}$となることを発見しました。これを素朴に書けば，$\zeta(-1)=1+2+3+\cdots$ですから

$$1+2+3+\cdots+n+\cdots = -\frac{1}{12}$$

となります。これはもちろん数学的に誤った等式ですが，これから説明していく複素関数の理論を用いると，これを正当化することが可能になります。

複素関数を見つけるという話に戻すと，ベキ級数があれば複素関数が得られるということがわかったところでした。

$$\boxed{\text{ベキ級数 } f(z) = \sum_{n=0}^{\infty} a_n z^n}$$

ここで$a_0, a_1, \cdots, a_n, \cdots$は複素数です。ただしベキ級数の場合には収束しないと意味を持たないので，複素変数zは収束す

るように選ぶ必要があります。そこでベキ級数の収束に関する基本的な性質を紹介しておきましょう。

定理 7.1 ベキ級数

$$f(z) = \sum_{n=0}^{\infty} a_n z^n$$

がある z_0 について収束しているなら，$|z|<|z_0|$ となるすべての複素数 z について収束する。

この定理の証明はそれほど難しくはありませんが，多少専門的な議論を行いますので，ノート B* に証明を載せることにして，ここでは認めましょう。この定理から，ベキ級数がどういった領域で収束するかということについて，非常に明快な結論が得られます。

1つのベキ級数について，それが収束するような複素数 z すべてを集めてくると，その集合はある半径の円板（中心は原点）になる，という結論です。なぜなら，複素平面において $|z|=r$ という等式で与えられる集合は，複素数の絶対値の定義を思い出すと原点中心半径 r の円になることがまずわかり，$|z|<r$ というのはその円の内側（円板）を表します。ある点 z_0 で収束すれば，半径 $|z_0|$ の円の内側のすべての z で収束するのですから，収束する複素数と収束しない複素数の境目は，何らかの円にならざるを得ないことがわかります。その円のことをそのベキ級数の収束円と呼び，その半径

---

* ブルーバックス公式 HP の「既刊一覧」をクリックし，『はじめての解析学』を選びます。そこにある「付録」をクリックして下さい。

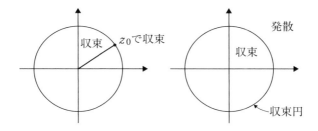

図 7.6 ベキ級数の収束円

を収束半径といいます。

ここで後の議論のために,ベキ級数の概念を少し拡張しておきましょう。複素数 α を1つ取り,

$$f(z) = \sum_{n=0}^{\infty} a_n (z-\alpha)^n$$

という級数を考えます。これはこれまで考えてきたベキ級数の z^n を $(z-\alpha)^n$ で置き換えただけのものですから,たいした違いはありません。これを $z=\alpha$ におけるベキ級数と呼ぶことにします。z の役割が $z-\alpha$ で置き換えられたので,この新しいベキ級数は,何らかの $r>0$ があって

$$|z-\alpha| < r$$

となるような z に対して収束する,ということになります。ここに現れた $|z-\alpha|<r$ というのは,複素平面上では点 α を中心とする半径 r の円板(円の内部)を表します。定性的に述べれば,z が α に近ければ収束し,遠ければ収束しない,ということです。

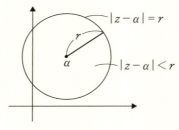

図7.7　$|z-a|<r$

なおベキ級数はどこで収束するかということを考えてきましたが、もちろんどうやっても収束しないベキ級数というものもあります。たとえば

$$g(z) = \sum_{n=0}^{\infty} n! z^n$$

というベキ級数は、$z=0$ 以外ではどんなに小さな z を持ってきたとしても発散します。つまりあらゆるベキ級数が複素関数を定めるわけではない、ということに注意して下さい。

正則関数

複素数 z に対して値が決まるような関数を複素関数ということにしました。そして実数を変数とする関数 $f(x)$ で、x のところを z で置き換えても意味があるような場合に、複素関数 $f(z)$ が作れることを見ました。実変数の関数から作ることにこだわらずに、ともかく複素数に対して値が決まればよいと考えると、たとえば次のような関数も考えられます。$z=x+iy$ とおいて、複素変数 z は2つの実変数 x, y で決まるものと思ったときに、

$$f_1(z) = x+y$$
$$f_2(z) = \sqrt{x^2+y^2}$$

など(いくらでも考えられますね)。たとえば $f_1(z)$ であれば,

$$f_1(2+3i) = 2+3 = 5$$

というふうに,どんな複素数 z に対しても値が決まります。ちなみに $f_2(z)$ は

$$f_2(z) = |z|$$

とも表されます。こういった関数は,値が決まるから複素関数ではありますが,複素変数による微分ができない関数になっていて,複素解析では考察の対象から外されます。ここで「複素変数による微分ができる」(このことを「複素微分可能」といいます)ということの定義を述べましょう。それは微分可能の定義をそのまま複素変数に書き換えたもので,

$$\lim_{h \to 0} \frac{f(z+h) - f(z)}{h}$$

が存在すること,と定義します。ただし,$h \to 0$ となる h は複素数を考えるのです。ここが普通の微分の定義と大きく異なるところで,h は複素数なので 2 次元平面上の点で,$h \to 0$ とは h が平面を自在に動き回って 0 に近づくことを意味します。そうすると h が 0 に近づく近づき方は非常にたくさんあることになりますが,どのような近づき方をしても同じ極

限値が存在する,というのが複素微分可能の定義が求めていることです。そのため複素微分可能というのは大変厳しい条件になっていて,上記の $f_1(z)$ や $f_2(z)$ はその条件をクリアできません。

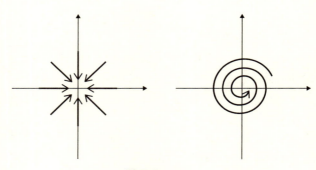

図 7.8　$h \to 0$

$f_1(z)$ が複素微分可能ではないことを見てみましょう。複素数 h は何でもよかったので,特に実数 t だとすると,$z+h = z+t = (x+t)+iy$ となりますから

$$\lim_{t \to 0} \frac{f_1(z+t) - f_1(z)}{t} = \lim_{t \to 0} \frac{((x+t)+y) - (x+y)}{t}$$

$$= \lim_{t \to 0} \frac{t}{t} = 1$$

となります。また h が純虚数 it (t は実数) とすると,$z+h = z+it = x+i(y+t)$ となりますから

$$\lim_{it \to 0} \frac{f_1(z+it) - f_1(z)}{it} = \lim_{it \to 0} \frac{(x+(y+t)) - (x+y)}{it}$$

$$= \lim_{it \to 0} \frac{t}{it} = -i$$

となって,h が実数の場合と異なる結果が得られてしまいます。複素数 h が 0 に近づくときの近づき方によって結果が変わるので,$h \to 0$ における極限は存在しないということになり,したがって $f_1(z)$ は複素微分可能ではありません。

一方,複素変数 z の多項式やベキ級数で与えられる複素関数は,複素微分可能となります。それを示すには多項式やベキ級数を構成する単項式 z^n について調べればよくて,

$$\lim_{h \to 0} \frac{(z+h)^n - z^n}{h}$$

$$= \lim_{h \to 0} \frac{nz^{n-1}h + \frac{n(n-1)}{2}z^{n-2}h^2 + \cdots + h^n}{h}$$

$$= \lim_{h \to 0} \left(nz^{n-1} + \frac{n(n-1)}{2}z^{n-2}h + \cdots + h^{n-1} \right)$$

$$= nz^{n-1}$$

となりますから,複素数 h が 0 に近づく方向にかかわらず極限が存在して,z^n は複素微分可能です。複素微分可能な複素関数を**正則関数**といいます。複素変数の多項式やベキ級数は,正則関数です。複素解析は,正則関数を相手にする解析学,ということになります。

ところで複素微分可能性は,ある偏微分方程式によって判定できます。$z = x + iy$ を変数とする複素関数 $f(z)$ を考えます。z は (x, y) で決まるので,$f(z)$ は (x, y) の関数

$f(x,y)$ と考えることもできます。そして一般に $f(z)$ の値は複素数ですから、$f(z)=u+iv$ とおけます。このとき u と v は (x,y) を変数とする関数と思えます。すなわち

$$f(z) = u(x,y)+iv(x,y)$$

という表し方ができるということになりますね。このとき $f(z)$ が複素微分可能であれば、u,v は

(CR) $\qquad \partial_x u = \partial_y v, \ \partial_y u = -\partial_x v$

という連立偏微分方程式をみたします。この連立偏微分方程式を**コーシー・リーマン方程式**と呼びます。

コーシー・リーマン方程式は、上で $f_1(z)$ が複素微分可能ではないことを示したのと同じやり方で導くことができます。つまり $h\to 0$ の極限を考えるときに、$h=t$（実数）としたときの結果と $h=it$（純虚数）としたときの結果が等しくなければならない、という条件を書けばよいのです。コーシー・リーマン方程式の有用なのは、逆に u,v がコーシー・リーマン方程式をみたせば、$f(z)$ は正則関数であると結論できるところです。なぜかということには立ち入りませんが、この事実は役に立ちますので覚えておいて下さい。

コーシーの積分定理

複素解析（函数論、関数論、複素函数論、複素関数論などとも呼ばれます）を学んだことのある方は、コーシーの名前を何度も目にしたことと思います。コーシーは、実数の定義に現れたコーシー列にも名前が現れましたし、直前にもコー

シー・リーマン方程式が出てきましたが，19世紀の解析学に巨大な足跡を残した人です。特に複素解析については，その壮麗な理論体系をほぼ一人で作り上げ，複素解析といえばコーシーを誰もが思い浮かべるという存在です。中でもコーシーの積分定理は複素解析の金字塔ともいうべき結果で，ほとんどあらゆる複素解析の結果はこの定理から導かれるといっても過言ではありません。

コーシーの積分定理を説明するため，複素積分（線積分）について簡単に触れておきます。複素関数は複素数を変数とし，複素数は平面上を動くので，実数 x が区間 $a \leq x \leq b$ を動くのと同じように，複素数 z が平面上の曲線の上を動くときの積分が考えられます。複素関数を $f(z)$，曲線を C とおくと，$f(z)$ の C 上の積分

$$\int_C f(z) dz$$

というのが定義できます。考え方はふつうの積分と同様で，曲線 C を細かく分割して，それに基づいてリーマン和を作り，その極限として定義します。なお，区間 $a \leq x \leq b$ 上の積分については，

$$\int_b^a f(x) dx = -\int_a^b f(x) dx$$

と定めていました。これは b から a に向かう向きは a から b に向かう向きの反対ということで，積分においては (-1) 倍するという規約です。この規約を曲線 C 上の複素積分についても適用するため，曲線には向きが定められているとします。C と同じ曲線で逆向きのものを $-C$ で表すと，複素積分

に対する規約として
$$\int_{-C} f(z)dz = -\int_{C} f(z)dz$$
と定めます。

曲線には両端があるものとないものがあります。たとえば線分には両端がありますが、円にはありません。両端がない曲線を閉曲線といいます。これでコーシーの積分定理を述べる準備が整いました。

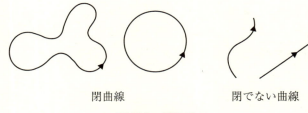

閉曲線　　　　　　閉でない曲線

図 7.9　**閉曲線**

定理 7.2（コーシーの積分定理）　複素関数 $f(z)$ は複素平面の領域 D で定義されているとする。$f(z)$ が正則関数であれば、D に含まれる閉曲線 C で C の内側もすべて D の点であるものに対して
$$\int_{C} f(z)dz = 0$$
が成り立つ。

この定理は、素朴にいえば、微分積分学の基本定理（定理 3.2）とその後の定理 3.3 の 2 変数版に帰着するもので、正則

関数が（複素）微分可能ということを使って示されます。なお C の内側もすべて D の点である，というのは，図 7.10 の右側のようなケースは除外するということを意味しています。

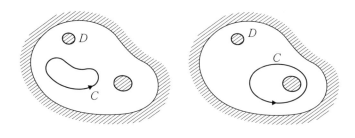

図 7.10　コーシーの積分定理

コーシーの積分定理からは多くの定理が導かれます。まず直接の御利益が見やすい，次の定理を導いてみましょう。

定理 7.3　複素平面の領域 D は，穴が空いていなくて中が詰まっているとする。（単連結といいます。）$f(z)$ が D で正則ならば，D で正則な関数 $F(z)$ で $F'(z) = f(z)$ となるものが存在する。

証明　領域 D の 1 点 a を任意に取ります。z を D を動き回る複素変数としましょう。このとき複素関数 $F(z)$ を

$$F(z) = \int_a^z f(\zeta) d\zeta$$

で定義します。ここで a から z までの積分と書いたのは，a

から始まってD内を通ってzに到着する曲線上の線積分を表しています。そのような曲線は無数にありますから，aとzを指定しただけでは積分がきちんと定義されたことにはなりません。

そこでそのような曲線を2つ持ってきて，違いを調べます。C_1, C_2としましょう。C_1もC_2もaからzに至る曲線なので，C_1を辿った後にC_2を逆に辿ると，aからスタートしてaに戻ってくる閉曲線となります（図7.11参照）。この閉曲線をCとおくと，

$$\int_C f(\zeta)d\zeta = \int_{C_1-C_2} f(\zeta)d\zeta = \int_{C_1} f(\zeta)d\zeta - \int_{C_2} f(\zeta)d\zeta$$

となります。$f(\zeta)$は正則だったので，コーシーの積分定理から左辺の閉曲線上の積分は0になります。ということはC_1上の積分とC_2上の積分は同じ値を取ることになり，$F(z)$を定義する積分はaからzに至る曲線の取り方にはよらないことが示されました。

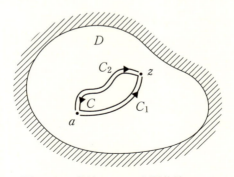

図7.11 曲線 C_1, C_2 と閉曲線 C

こうして正当化された $F(z)$ は，微分積分学の基本定理（定理 3.2）の証明に現れた $F(x)$ によく似ています。そのときの微分と今回の複素微分は違うものなので，定理 3.2 の証明がそのまま通用するわけではありませんが，おおよそ同じような筋で $F'(z)=f(z)$ であることが証明できます。□

さて，コーシーの積分定理から，もう 1 つの重要な定理であるコーシーの積分公式が導かれます。

定理 7.4（コーシーの積分公式） $f(z)$ を複素平面の領域 D で正則な関数とする。各 $z \in D$ に対して，z を内側に含んで内側のすべての点が D に属するような D 内の閉曲線 C を任意に取ると，

$$f(z) = \frac{1}{2\pi i} \int_C \frac{f(\zeta)}{\zeta - z} d\zeta$$

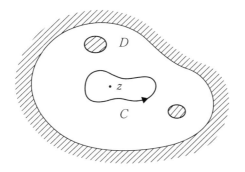

図 7.12 コーシーの積分公式の状況

が成り立つ。

　この定理の証明でも、コーシーの積分定理を使います。コーシーの積分定理の本領を知るにはよい機会ですが、少し専門的なところもあるので、証明はノートC*に回します。

　コーシーの積分公式は、一見ずいぶん複雑な形をしていて、気軽に使えるような代物ではないと思われるかもしれませんが、驚くほど役に立ちます。この公式のよいところは、$f(z)$という関数の中に入っている変数zが、右辺では（積分の中とはいえ）fの外に出てきてくれている点にあります。その効用を見てみましょう。

定理7.5　正則関数は何回でも複素微分可能である。

　これは、コーシーの積分公式の積分の中身である

$$\frac{A}{B-z}$$

という関数が（$A=f(\zeta), B=\zeta$でともに複素数と見なします。）何回でも複素微分可能であることから従います。

定理7.6　正則関数はどの点においてもベキ級数に展開される。

＊　ブルーバックス公式HPの「既刊一覧」をクリックし、『はじめての解析学』を選びます。そこにある「付録」をクリックして下さい。

7 複素解析

これも同じように、$A/(B-z)$ がベキ級数に展開されることから示されます。少しだけ計算を見てみましょう。a を定義域 D の点として、z は a の近くにあるときを考えます。アイデアは、

$$\text{(X)} \qquad \frac{1}{1-x} = \sum_{n=0}^{\infty} x^n$$

という公式に持ち込むことです。この公式については、次の節で詳しく考察します。さてこの公式を使って

$$\frac{A}{B-z} = \frac{A}{(B-a)-(z-a)}$$

$$= \frac{A}{B-a} \cdot \frac{1}{1-\dfrac{z-a}{B-a}}$$

$$= \frac{A}{B-a} \sum_{n=0}^{\infty} \left(\frac{z-a}{B-a}\right)^n$$

という書き換えをします。コーシーの積分公式の積分の中でこの書き換えを行ったと思うと、$f(z)$ は

$$f(z) = \frac{1}{2\pi i} \int_C \frac{f(\zeta)}{\zeta-a} \sum_{n=0}^{\infty} \left(\frac{z-a}{\zeta-a}\right)^n d\zeta = \sum_{n=0}^{\infty} a_n (z-a)^n$$

というようにベキ級数に展開できます。ここで a_n は

$$a_n = \frac{1}{2\pi i} \int_C \frac{f(\zeta)}{(\zeta-a)^{n+1}} d\zeta$$

ということになりますね。

ベキ級数を用いて複素関数を作るという話をしましたが,定理 7.6 によって,正則関数はすべてそのようにして得られるものであることがわかりました。

複素関数を考えた動機の 1 つは,普通ではなかなか答えが求められない積分の計算が,なぜか複素積分を考えることで求まってしまうという現象が多く見つかったからだと思われます。たとえば

$$\int_0^\infty \sin x^2 \, dx = \frac{1}{2}\sqrt{\frac{\pi}{2}}$$

というような積分の値は,$F'(x)=\sin x^2$ となるような関数 $F(x)$ は初等関数の範囲では見つからないので,普通のやり方では求めることができません。このような積分が,なぜか複素関数を閉曲線上で積分することを通して求められるのです。その仕組みを追究していったところ,どうも閉曲線の内側に特異点(関数が発散するような点)が含まれている場合の積分値が,その特異点の情報によって決定されるようだ,ということがわかってきました。

具体的に述べますと,$f(z)$ が領域 D で正則で,D 内の閉曲線 C でその内側がすべて D の点であるとき,コーシーの積分定理は

$$\int_C f(z)\,dz = 0$$

を主張します。さて C の内側に点 a を取って,$z=a$ で発散する関数の積分

$$\int_C \frac{f(z)}{z-a}dz$$

を考えると，この積分値が$2\pi i f(a)$によって与えられるのです。この主張を留数定理といいます。

留数定理は論理的にはコーシーの積分定理から導かれますが，複素積分の表す様々な様相を系統立てて理解しようとする営みの中から，留数定理もコーシーの積分定理も浮かび上がってきたものと思われます。

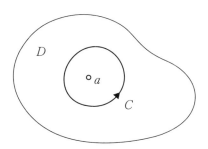

図 7.13 留数定理の状況

留数定理を利用して様々な積分の値を求めることができます。これは複素解析の重要な役割の1つで，複素解析の教科書では中心的な話題として取り上げられることが多いようです。これもコーシーの積分定理がもたらした広がりですが，本書ではこれ以上深入りしないでおきましょう。

解析接続——定義域を広げる

つい先ほど用いた（X）という式を考えます。この両辺は

有理関数とベキ級数ですから,ともに複素関数にすることができ,

(Z) $$\frac{1}{1-z} = \sum_{n=0}^{\infty} z^n$$

という等式が成り立ちます。第5章でも同じような級数を考えてその収束を示しましたが,いまの場合にも同じ考え方で収束を示してみます。

$$S_n = \sum_{k=0}^{n} z^k$$

とおきます。(複素)数列 $\{S_n\}$ が収束するということが,(Z) の右辺の級数が収束するということの定義です。

$$\begin{aligned} S_n - zS_n &= (1+z+z^2+\cdots+z^n) - z(1+z+z^2+\cdots+z^n) \\ &= (1+z+z^2+\cdots+z^n) - (z+z^2+\cdots+z^n+z^{n+1}) \\ &= 1-z^{n+1} \end{aligned}$$

となるので,

$$S_n = \frac{1-z^{n+1}}{1-z}$$

が得られます。この時点で $z \neq 1$ は仮定しています。$|z|=r$ とおきましょう。もし $r>1$ なら $|z^{n+1}|=r^{n+1} \to \infty$ $(n \to \infty)$ となりますから,$\{S_n\}$ は収束しません。一方 $r<1$ なら,$|z^{n+1}|=r^{n+1} \to 0$ $(n \to \infty)$ となりますから,S_n は $\frac{1}{1-z}$ に収束します。これで,(Z) の右辺のベキ級数については,収束半径が1で収束円が $|z|<1$,つまり原点を中心とする半径1

の円板であることが示されました。そして z がこの範囲にあるときに，等式（Z）が成り立つことも示せました。

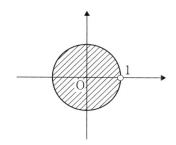

図 7.14　（Z）の成り立つ範囲

さてあらためて等式（Z）を見ると，不思議なことに気づきます。（Z）の右辺はいま見たように $|z|>1$ となる z に対しては定義されないのですが，一方左辺は $z\neq1$ であればどのような複素数に対しても定義されます。つまり両辺の定義域がずれているのです。

$$左辺の定義域 = \{z\in\mathbb{C}\,;\,z\neq1\}$$
$$右辺の定義域 = \{z\in\mathbb{C}\,;\,|z|<1\}$$

この現象を，次のようにとらえます。正則関数 $f(z)$ というのがそもそもあって，それを有理関数として表現すると（Z）の左辺になり，また $z=0$ におけるベキ級数として表現すると（Z）の右辺となる，そして同じ関数の異なる表現なので，共通の定義域（つまり $|z|<1$）においては2つの表現は等しくなり，それを述べているのが等式（Z）です。

同じものが違った表現で与えられることは珍しいことでは

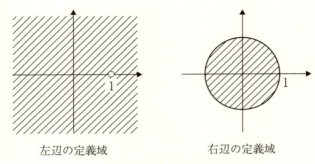

左辺の定義域 　　　　右辺の定義域

図 7.15　(Z) の両辺の定義域

ありません。たとえば一人の人についても，親から見れば子供だし，子供から見れば親であり，友達から見れば小学校の同級生だったり，仕事場の部下からは課長だったりと，見方によって異なるとらえ方があるわけです。AとBが小・中学校の同級生で，BとCが中学・高校の同級生だとすると，AとCはBのことを中学校の同級生として共通に把握できますが，AはBがどんな高校生になったかはわからないし，CはBが小学校のときどんな子供だったかわかりません。つまり我々が「もの（人）」を見るときは，自分から見えるようにしか見ることはできませんが，自分の視点から見たのがすべてというわけではなく，そういった見方を超えた存在として「もの（人）」がある，ということは理解しているのです。

　正則関数についても，これと同様なとらえ方ができます。正則関数を点 $z=a$ の近くで把握しようと思うと，定理 7.6 で見たように $z=a$ におけるベキ級数展開が得られます。そのベキ級数展開は収束半径を r とすると $|z-a|<r$ という範

囲でしか有効ではありませんが，$f(z)$ 自身はその範囲を超えてもっと広い範囲で定義されているかもしれません。

$f(z)$ がある領域 D で定義されていることが（何らかの理由で）わかっているとすると，話はわかりやすくなります。領域 D の点 a で考えると，$f(z)$ は $z=a$ におけるベキ級数に展開されます。その収束半径を r とすると，$f(z)$ は $|z-a|<r$ という円板で正則になりますから，r は少なくとも a から D の境界までの距離だけはあります。他の点 $b\in D$ でもベキ級数に展開され，そこでの収束半径 r' も，b から D の境界までの距離だけはあります。こうして D の各点において，$f(z)$ を表すベキ級数が得られることになります。これはある人物 A がいると，A と関わる人ごとに A の印象がある，という状況に例えられるでしょう。

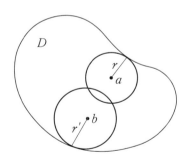

図 7.16　領域 D の各点におけるベキ級数展開

さて問題は，領域 D がわかっていなくて，単に $z=a$ におけるベキ級数だけがあるときです。収束半径を r とすると，$|z-a|<r$ という円板でそのベキ級数は正則関数を与えるこ

とはわかりますが、それはもっと広い定義域を持つ正則関数 $f(z)$ の $z=a$ におけるベキ級数となっているのかどうか、ということです。

このような問題を提起する背景には、次の驚くべき事実があります。

定理 7.7（一致の定理） $f(z)$ と $g(z)$ は領域 D で正則とする。D 内の（長さのある）曲線、あるいは広がりのある部分集合で $f(z)=g(z)$ が成り立つなら、D 全体で $f(z)=g(z)$ が成り立つ。

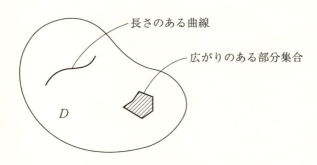

図 7.17　一致の定理の状況

一致の定理は、正則関数がベキ級数展開できることに基づいて証明されます。これは正則関数の著しい性質を顕した定理です。たとえば実数を変数とする微分可能な関数 $f(x)$ が区間 $a \leq x \leq b$ で定義されているとき、そのグラフを a より左側や b より右側へなめらかさを保ったまま延長することはいつでもできて、しかも延長の仕方は自由です。まっすぐ延ば

そうが，波打たせようが，勝手になめらかな曲線を描けば延長させることができます。ところが一致の定理の結論をこの場合に当てはめるなら，どんなに短い区間で関数が与えられたとしても，その延長の仕方はその区間でのグラフから決まってしまって，勝手に延ばすことはできないということになります。

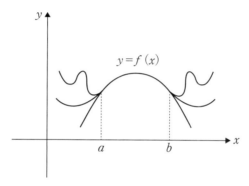

図 7.18 グラフを延長する

　一致の定理を言い換えると，正則関数はある1点の近くでの挙動が与えられると，あらゆる場所での挙動が決まってしまう，となります。局所挙動が大域挙動を決定する，ということです。のみならず，1点の近くの挙動がその正則関数のすべてを決定するわけですから，その正則関数の定義域がどこまで広げられるか，ということさえ決まってしまいます。

　この正則関数の性質は，上で見たように実変数の微分可能関数と比較すると全く違うものですが，同じ実変数でも第6章で説明した微分方程式の解の性質とは似ています。微分方

程式がある条件をみたすときには,その解は初期条件を与えると決まってしまい,その定義域がどこまで延びるか,延びた先でどのような挙動をするか,ということも決まるのでした。しかし第6章で考えた微分方程式は実変数だったので,定義域は数直線のある区間となります。正則関数の場合は平面上の広がりを持った領域が定義域となるので,そこから大きな違いが現れます。

さてそれでは,正則関数はどうやって定義域を広げていくかを考えましょう。ある点 $z=a$ におけるベキ級数

$$\varphi(z) = \sum_{n=0}^{\infty} f_n (z-a)^n$$

が与えられたとします。$\varphi(z)$ は収束して,その収束半径が r_0 だったとします。すると $\varphi(z)$ は円板 $|z-a|<r_0$ における正則関数となります。この円板より外に定義域が広がるかどうかを調べたいと思います。そこで a を始点とする曲線 C を1つもってきます。C は円板 $|z-a|<r_0$ の外に出ていくとしましょう。円板の外に出ていく手前の C 上に1点 a_1 を取ります。$\varphi(z)$ は $z=a_1$ でも正則ですから,そこでベキ級数展開できます。そのベキ級数は

$$\varphi_1(z) = \sum_{n=0}^{\infty} g_n (z-a_1)^n$$

という形をしていますが,その収束半径を r_1 とすると,r_1 は少なくとも a_1 と円 $|z-a|=r_0$ との距離だけはあります。r_1 がその距離よりも大きくなることもあり得るので,その場合には $\varphi_1(z)$ の収束円は $\varphi(z)$ の外にはみ出します。このとき円板 $|z-a|<r_0$ で正則な関数 $\varphi(z)$ と,円板 $|z-a_1|<r_1$ で

正則な関数 $\varphi_1(z)$ があって，この2つの円板の共通部分では $\varphi(z)$ と $\varphi_1(z)$ は同じ関数です。したがって2つの円板を合わせた領域上の関数 $\widehat{\varphi}(z)$ を

$$\widehat{\varphi}(z) = \begin{cases} \varphi(z) & (|z-a|<r_0) \\ \varphi_1(z) & (|z-a_1|<r_1) \end{cases}$$

により定義することができて，$\widehat{\varphi}(z)$ は $\varphi(z)$ の定義域を広げた正則関数になります。そして一致の定理によって，この広げた領域で正則で $\varphi(z)$ の拡張となっている正則関数は $\widehat{\varphi}(z)$ しかありません。こうして $\varphi(z)$ の定義域ははみ出した分だけ広がったことになります。

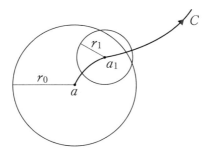

図7.19 $\varphi(z)$ と $\varphi_1(z)$ の収束円

この操作を続けていきます。2番目の円板 $|z-a_1|<r_1$ 内に曲線 C 上の点 a_2 を取り，$z=a_2$ で $\varphi_1(z)$ をベキ級数展開すると，ベキ級数

$$\varphi_2(z) = \sum_{n=0}^{\infty} h_n(z-a_2)^n$$

が得られ，その収束円 $|z-a_2|=r_2$ が得られます．その円が 2 番目の円 $|z-a_1|=r_1$ をはみ出したとしましょう．するとさらに 3 番目の円板 $|z-a_2|<r_2$ 内に曲線 C 上の点 a_3 を取り，というふうに続けていきます．もちろんこの操作を続けられなくて，どうやってもある収束円から先ははみ出せなくなることもあります．しかし順調に進んで，最終的に収束円の連なりが曲線 C を覆い尽くすかもしれません．そうなったときに，$\varphi(z)$ は C に沿って解析接続可能である，といいます．このときには C を覆い尽くす円板の集まりまで $\varphi(z)$ の定義域が広がったことになります．このとき曲線 C の終点（b としましょう）におけるベキ級数展開が得られます．それを $\varphi(z)$ の C に沿った解析接続の結果といい，記号 $\varphi_C(z)$ で表します．

$$\varphi_C(z) = \sum_{n=0}^{\infty} p_n(z-b)^n$$

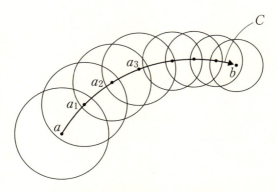

図 7.20 曲線 C に沿った解析接続

少し込み入っていましたので，いまの話を整理しますと，まず $z=a$ におけるベキ級数 $\varphi(z)$ があり，また a から b まで向かう曲線 C があります．このとき，$\varphi(z)$ は C に沿って解析接続可能かもしれないし，そうでないかもしれません．もし解析接続可能であれば，曲線 C は何枚かの円板で覆われ，それらの円板を合わせた集合にまで $\varphi(z)$ の定義域が広げられる，特に C の終点 b におけるベキ級数 $\varphi_C(z)$ が得られる，ということでした．ベキ級数 $\varphi(z)$ が曲線 C に沿って解析接続可能か可能でないか，というのは，どちらかであることは明らかですが，どっちであるかを判定するのは一般には非常に難しいことです．つまり上で説明した手順（$\varphi(z)$ から $\varphi_1(z)$ を作ってその収束半径を求める，というような）は，理論的には可能ですが実際に計算するのはほとんど不可能です．ただし $\varphi(z)$ について何らかの情報があって，それを使えば計算可能，ということはあり得ます．

さて面白いのは，a から b へ向かう曲線を複数考えたときです．たとえば2つの曲線 C_1, C_2 がともに a から b へ向かうとします．$\varphi(z)$ が C_1 に沿っても C_2 に沿っても解析接続可能であるとしましょう．このとき解析接続の結果として2つのベキ級数 $\varphi_{C_1}(z), \varphi_{C_2}(z)$ が得られます．ともに $z=b$ におけるベキ級数ですが，作る過程が違うのですからこの2つが一致するかどうかはわかりません．$\varphi_{C_1}(z) \neq \varphi_{C_2}(z)$ となったとすると，1つの関数 $\varphi(z)$ の1つの場所 $z=b$ における値が複数個あることになって，これはもはや通常の関数とは言えないものになります．このような関数を普通の関数と区

別して多価関数と呼びます。また1つの場所で複数個の値を取ることを多価性と言います。

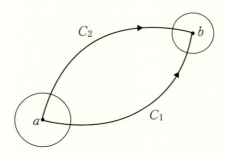

図 7.21　多価性

まとめると，こういうことになります。ベキ級数で与えられる正則関数 $f(z)$ を考えます。ベキ級数の定義域は円板ですが，その円板の外にまで定義域が広げられる場合があります。可能な限り定義域を広げてみましょう。そうするとこれ以上定義域を広げられないという領域 D が得られます。それが $f(z)$ の究極の定義域になります。$f(z)$ はその究極の定義域 D で正則な関数ですが，一般には多価関数になってしまいます。

この多価性は複素関数を考えたから発生するものです。多価性は $z=a$ から $z=b$ へ至る道（曲線）が複数取れることに由来するわけで，実変数の関数の場合では数直線上で $x=a$ から $x=b$ へ至る道は1本しか取れず，このような多価性は起こりえません。したがって多価性は正則関数固有の性質であり，ある意味では多価性こそが正則関数の本質であるとも

言えましょう。

それではここで多価正則関数の例を2つばかり挙げましょう。

例 7.1　実変数の関数 $\sqrt{1-x}$ は，根号の中が0以上だと定義でき，定義域は $x \leq 1$ です。その定義域内の $x=0$ においてテイラー展開することができて，

$$\sqrt{1-x} = \sum_{n=0}^{\infty} \frac{(-1)^n \frac{1}{2}\left(\frac{1}{2}-1\right)\cdots\left(\frac{1}{2}-n+1\right)}{n!} x^n$$

となることがわかります。右辺はベキ級数ですから，x を複素変数 z に取り替えると複素関数（正則関数）が得られます。それを

$$\varphi(z) = \sum_{n=0}^{\infty} \frac{(-1)^n \frac{1}{2}\left(\frac{1}{2}-1\right)\cdots\left(\frac{1}{2}-n+1\right)}{n!} z^n$$

とおきましょう。$\varphi(z)$ の収束半径[3]は1であることがわかります。したがって $\varphi(z)$ は円板 $|z|<1$ で正則です。さて，話が専門的になってしまうのでここでは理由は説明できませんが，$\varphi(z)$ は $z=0$ を始点として $z=1$ を通らないどんな曲線に沿っても解析接続可能であることがわかります。そこで C_1 を $z=0$ から始まって複素平面で $z=1$ の下側を通って

---

[3] 収束半径を求める方法がいくつか知られていて，それを適用することができます。

$z=2$ にまで至る曲線,C_2 を $z=0$ から始まって複素平面で $z=1$ の上側を通って $z=2$ にまで至る曲線とすると,

$$\varphi_{C_1}(2) = i, \ \varphi_{C_2}(2) = -i$$

となることが示されます。こうして $\varphi(z)$ を究極の定義域で考えると,多価関数になることがわかりました。

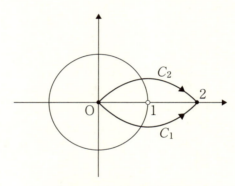

図 7.22 $\varphi(z)$ の多価性

なお,$\varphi(z)$ はもともと $\sqrt{1-x}$ に由来しているので,機械的に $\varphi(z)=\sqrt{1-z}$ と思ってもまあ間違いではありません。すると

$$\varphi(2) = \sqrt{1-2} = \sqrt{-1}$$

となり,値として i が得られるのはわかる気がします。そして $\sqrt{}$ というのは 2 乗してその中身になる数を表すものととらえるなら,$(-i)^2=-1$ だから $-i$ も $\sqrt{-1}$ であるという権利を持っていると思えるので,値として $-i$ が得られてもお

かしくありません。実は $\varphi(z)$ の多価性は、この根号の不確定性に対応するものになっています。

2つの値 $i, -i$ が出てきたのは、$z=1$ の下側を通るか上側を通るかという経路の違いによるものでした。どうも $z=1$ という点がこの多価性の原因になっているように思われますね。

例 7.2 2番目の例も、やはり実変数の関数から始めましょう。対数関数 $\log x$ を考えます。これの定義域は $x>0$ です。その定義域内の点 $x=1$ においてテイラー展開すると、

$$\log x = \sum_{n=1}^{\infty} \frac{(-1)^{n-1}}{n}(x-1)^n$$

となることがわかります。この右辺のベキ級数から複素関数

$$\psi(z) = \sum_{n=1}^{\infty} \frac{(-1)^{n-1}}{n}(z-1)^n$$

を作りましょう。このベキ級数の収束半径は 1 であることが示されます。したがってベキ級数 $\psi(z)$ は円板 $|z-1|<1$ で正則な関数を定めます。(ψ はプサイと読みます。) この場合も、$\psi(z)$ は $z=1$ を始点として $z=0$ を通らないあらゆる曲線に沿って解析接続可能であることがわかります。したがって $\psi(z)$ の究極の定義域は $\{z \in \mathbb{C} \, ; \, z \neq 0\}$ です。

それでは $\psi(z)$ の多価性を見てみましょう。円板 $|z-1|<1$ 内で収束するベキ級数と思ったときには、$z=1$ を代入して

$$\psi(1) = 0$$

が得られます。曲線 C を，$z=1$ から始まり，$z=0$ のまわりを反時計回りに 1 周して $z=1$ に戻ってくる閉曲線とします。このとき

$$\psi_C(1) = 2\pi i$$

となることがわかります。閉曲線 C を n 周するものを C^n で表すと，

$$\psi_{C^n}(1) = 2\pi i n$$

となることもわかります。このように $\psi(z)$ は無限個の異なる値を取り，無限多価関数になります。

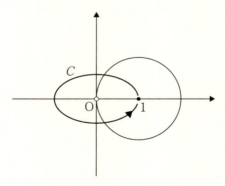

図 7.23 $\psi(z)$ の多価性

$\psi(z)$ についても $\log x$ に由来するから $\log z$ と考えることもできます。そこで形式的に $\log z$ を e^z の逆関数と考えて，

多価性の由来を調べてみます。まず元の関数 e^z ですが、これは先に（E）においてベキ級数で複素関数として定義されたものです。この e^z についても加法公式 $e^{z_1+z_2}=e^{z_1}e^{z_2}$ が成り立つことが示されます。さて e^z の逆関数として $\log z$ を定義するということは、

$$\log z = w \Leftrightarrow e^w = z$$

ということです。w は複素数ですから $w=u+iv$ とおき、また z の方は絶対値 $|z|=r$ と偏角 $\arg z=\theta$ を用いて $z=re^{i\theta}$ と表しましょう。これらを上の定義式に代入すると、

$$e^{u+iv} = re^{i\theta}$$

となります。この左辺に加法公式を用いると、

$$e^u e^{iv} = re^{i\theta}$$

となります。この両辺の絶対値を取ると、右辺の絶対値は r で、オイラーの公式から

$$|e^{iv}| = |\cos v + i\sin v| = \sqrt{\cos^2 v + \sin^2 v} = 1$$

となりますから、

$$r = |e^u e^{iv}| = |e^u||e^{iv}| = |e^u| = e^u$$

となって $e^u=r$ が得られます。これより

$$u = \log r = \log |z|$$

がまず得られました。すると残ったもの同士、$e^{iv}=e^{i\theta}$ も成

り立ちます。これはオイラーの公式を使うと

$$\cos v = \cos \theta, \ \sin v = \sin \theta$$

ということを意味します。これをみたす v を θ で表したいのですが，$\sin x, \cos x$ は周期 2π を持つので，周期分のずれを決めることはできません。したがって何か整数 n があって，

$$v = \theta + 2n\pi$$

となるということしか決められません。これらをまとめると，

$$\log z = \log |z| + i(\theta + 2n\pi)$$

となり，$\log z$ には $2n\pi i$ を加えるという不定性があることがわかります。この不定性が $\phi(z)$ の多価性に対応するものです。

$\phi(z)$ についても，その多価性は曲線が $z=0$ の周囲を回ることで発生しました。やはり $z=0$ という点が多価性の原因のようです。

この2つの例で，その点の周囲を回ることで多価性が発生するという点が現れました。そういった点のことを分岐点といいます。例 7.1 の $\varphi(z)$ では $z=1$ が，例 7.2 の $\phi(z)$ では $z=0$ が分岐点でした。

ガウスは複素関数についても鋭い洞察を行いました。コーシーが正則関数の理論を完成させるずっと前に，したがって曲線に沿った解析接続という概念が現れるずっと前に，超幾

何級数という名前を持つ特別なベキ級数について，実質的に収束円の外にまで解析接続するとどうなるか，という計算を行っていたようです。複素変数が複素平面をいろいろ動き回ることに伴って，正則関数が様々な振る舞いをすることが見えていたのでしょうか。

流体力学とリーマンの写像定理

前の節では，ある意味で多価性こそが正則関数の本質であると述べました。多価性というのは，分岐点のように定義域の中に穴が空いていて，そのまわりを回ることで発生するものです。したがって穴の空いていない領域（単連結領域といいます）を定義域とする正則関数は多価性を持たず，普通の

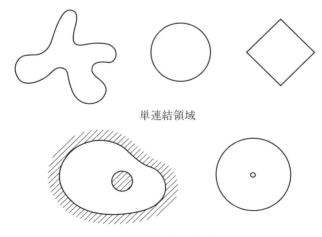

単連結領域

単連結でない領域

図 7.24　単連結領域

関数となります。

　それでは単連結領域で定義された正則関数は多価性を持たないつまらないものか，というと，そんなことはありません。多価性の有無にかかわらず，正則関数は面白い存在で，特に応用においてめざましい働きをします。そこでこの節でははじめに，流体力学などで正則関数が活躍する様子を見てみることにします。

　流体というのは水とか空気のように流れる物体です。流体は小さな粒子の集まりであり，粒子たちがお互いに近くの粒子と影響を及ぼし合いながら全体として水や空気の流れを産み出しています。1つ1つの粒子はニュートンの運動法則に従って運動しているので，1つ1つの粒子について運動方程式を立てて解けば流体の運動が解析できると思うかもしれませんが，粒子は無数といってよいほどたくさんあるので，無数の連立運動方程式を解くというのは絶望的に難しい話になってしまいます。そこで流体を広がりを持った1つのものとして扱う，という方法が採られます。その広がりの各点においては速度ベクトルがあって，各点がそれぞれの速度ベクトルの通りに動くことで流体の運動が起こる，という見方です。オイラー，ダランベール，ラグランジュといった人々によって，このような流体の解析方法が確立されました。それを流体力学と呼びます。

　2次元の流体を考えます。2次元の流体とは平面上を流れる流体のことで，たとえば浅い川の流れとか，あるいは台風は空気が3次元的に流れる現象ですが，上から見た形がおおよその流れを表しているので，近似的に2次元の流体と見な

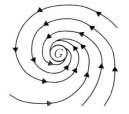

図 7.25　流体

すこともできます。

　流体力学の理論によると，流体がある条件をみたせば速度ベクトルにポテンシャルが存在します。ある条件というのは，非圧縮（縮まない），粘性がない（さらさらしている），渦がない，というような条件です。速度ベクトルのポテンシャルというのは，1つの関数で，それを偏微分することで速度ベクトルが得られるようなものを指します。速度ベクトルは場所ごとに決まるので，速度ベクトルの成分は場所を表す座標 (x,y) に依存することになります。速度ベクトルを

$$\vec{v}(x,y) = (v_1(x,y), v_2(x,y))$$

と表したとしましょう。このときポテンシャルというのは，やはり (x,y) を変数とする関数で，それを $\Phi(x,y)$ と書けば

$$v_1(x,y) = \partial_x \Phi(x,y), \ v_2(x,y) = \partial_y \Phi(x,y)$$

となるものです。（Φ：ファイ）つまりポテンシャル $\Phi(x,y)$ がわかれば，どの場所における速度ベクトルも求まって，流体の動きが完全に把握できるわけです。さらに流体力学の理

論によって，速度ベクトルのポテンシャルはラプラス方程式

$$\partial_x^2 \Phi + \partial_y^2 \Phi = 0$$

をみたすことがわかります。

ここで面白いのは，速度ベクトルのポテンシャルには「相方」がいることです。相方はやはり (x, y) を変数とする関数 $\Psi(x, y)$ で，

$$\Phi(x, y) = 定数$$

で定まる曲線と

$$\Psi(x, y) = 定数$$

で定まる曲線が互いに直交するようなものとして定められます（Ψ：プサイ）。たとえば $\Phi(x, y) = x^2 - y^2$ だとすると，$\Phi(x, y) = 定数$ というのは2直線 $y = x, y = -x$ を漸近線とする双曲線となります。このとき $\Psi(x, y) = 2xy$ とおくと，$\Psi(x, y) = 定数$ で定まる曲線は x 軸，y 軸を漸近線とする双曲線で，これは先の双曲線と直交することがわかります。

それぞれを定数とおいた曲線が直交するという条件だけでは，$\Psi(x, y)$ は決まりません。いまの例ではなぜか $\Psi(x, y)$ の xy の前に2がかかっていますが，この2はなくても右辺の定数を調整すれば $\Psi(x, y) = 定数$ は同じ双曲線を表します。さらに言えば，$g(x)$ を勝手な関数とするとき，$\Psi(x, y) = g(xy)$ と定めたとしても同じ状況が得られます。この不定性は悩ましいところですが，実は $\Psi(x, y)$ には由緒正しい選び方があります。それは

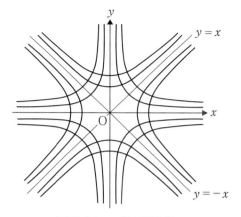

図 7.26　2 組の双曲線

$$\Phi(x,y)+i\Psi(x,y)$$

とおいた関数が $z=x+iy$ を変数とする正則関数になるように選べるのです．ここで流体力学と複素解析が結びつきます．このように $\Psi(x,y)$ を選ぶと，$\Psi(x,y)$ もまたラプラス方程式

$$\partial_x^2\Psi+\partial_y^2\Psi=0$$

をみたし，$\Phi(x,y)=$ 定数 で定まる曲線と $\Psi(x,y)=$ 定数 で定まる曲線は直交することになります．つまり手順としては，速度ベクトルのポテンシャル $\Phi(x,y)$ が与えられたとき，$\Phi(x,y)+i\Psi(x,y)$ が正則関数となるように $\Psi(x,y)$ を決めることができて，それが $\Phi(x,y)$ の相方になってくれる，となります．

上で例として挙げた $\Phi(x,y)=x^2-y^2$ から，その相方 $\Psi(x,y)$ と求めてみましょう。このとき使うのは，「正則関数」の節で紹介したコーシー・リーマン方程式（CR）です。コーシー・リーマン方程式で $u=\Phi, v=\Psi$ とおくと，

$$\partial_x \Psi = -\partial_y \Phi = -\partial_y (x^2-y^2) = 2y,$$
$$\partial_y \Psi = \partial_x \Phi = \partial_x (x^2-y^2) = 2x$$

が得られます。第1式から，x で偏微分したら $2y$ になる関数ということで

$$\Psi(x,y) = 2xy+\phi(y)$$

と書けることがわかります。ここで $\phi(y)$ は y だけを変数とする任意の関数です。これを y で偏微分して上の第2式と比べてみましょう。

$$\partial_y (2xy+\phi(y)) = 2x+\phi'(y)$$

となるので，$\phi'(y)=0$ が得られます。したがって $\phi(y)$ は定数で，特に 0 としても影響はありません。こうして $\Psi(x,y)=2xy$ が得られました。xy の前にかかっている 2 には，意味があったのでした。

こうして速度ベクトルのポテンシャル $\Phi(x,y)$ に対して相方 $\Psi(x,y)$ が求められることがわかりました。なおやはりコーシー・リーマン方程式を使えば，逆に $\Psi(x,y)$ から $\Phi(x,y)$ を求めることもできます。こうして $\Phi(x,y)$ と $\Psi(x,y)$ はお互いに相方になっているのです。（相方のことを「双対」と呼びます。）

それでは $\Phi(x,y)$ の相方 $\Psi(x,y)$ の物理的な意味は何でしょうか。$\Phi(x,y)=c$（c は定数）により定まる曲線 C を考えましょう。C の媒介変数表示を $(x(t),y(t))$ とします。媒介変数表示というのは，変数 t がある区間 $a \leq t \leq b$ を動くときに点 $(x(t),y(t))$ が曲線 C を動くように関数 $x(t), y(t)$ を決めたものです。さて C の定義によって

$$\Phi(x(t),y(t)) = c$$

となります。この両辺を t で微分しましょう。左辺の微分は合成関数の偏微分法という技術を使うと計算できます。その証明はノート D[*] に回して，結果を書くと，右辺の微分は 0 になるので

$$\partial_x \Phi(x(t),y(t)) \cdot x'(t) + \partial_y \Phi(x(t),y(t)) \cdot y'(t) = 0$$

が得られます。ここで

$$\vec{v} = (\partial_x \Phi, \partial_y \Phi)$$

でしたから，

$$\vec{u} = (x'(t), y'(t))$$

とおくと，この結果は速度ベクトル $\vec{v}$ といま定義したベクトル $\vec{u}$ との内積が 0 になる

$$(\vec{v}, \vec{u}) = 0$$

---

[*] ブルーバックス公式 HP の「既刊一覧」をクリックし，『はじめての解析学』を選びます。そこにある「付録」をクリックして下さい。

という式と読めます。つまり $\vec{v}$ と $\vec{u}$ は直交しているのです。では $\vec{u}$ とは何を表すベクトルでしょうか。微分の意味を思い出すと，$\vec{u}=(x'(t), y'(t))$ は

$$\left(\frac{x(t+h)-x(t)}{h}, \frac{y(t+h)-y(t)}{h}\right)$$

というベクトルの $h\to 0$ の極限です。このベクトルは，$\mathrm{P}=(x(t), y(t))$，$\mathrm{Q}=(x(t+h), y(t+h))$ とおくと

$$\frac{1}{h}\overrightarrow{\mathrm{PQ}}$$

ですから，曲線 C 上の 2 点 P, Q を結ぶ直線の向きを表していて，$h\to 0$ の極限では Q は P に一致するので，極限 $\vec{u}$ は P における接線の向きを表すベクトルとなることがわかります。ということで，曲線 C は，常に速度ベクトル $\vec{v}$ と直交しているような曲線であったのです。

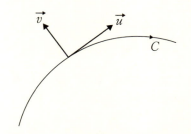

図 7.27　$\Phi(x, y)=$ 定数　定まる曲線 C

これを逆に見ると，速度ベクトルの方向を辿って得られる

曲線,つまり流体が流れる道筋(流線)は,$\Phi(x,y)=$定数 と直交する曲線となるので,$\Psi(x,y)=$定数 で与えられるものに一致するわけです。つまり $\Psi(x,y)=$定数 で与えられる曲線は,流体の流線を表していたのです。これが $\Psi(x,y)$ という関数の物理的な意味です。

この関係を把握することで,流体に関する問題を解くことができます。たとえば流れの途中に障害物がある場合に,各点における速度ベクトルを求めたいとしましょう。その障害物の形状を $\Psi(x,y)=$定数 という形で表す関数 $\Psi(x,y)$ が得られたら,それを相方として持つような関数 $\Phi(x,y)$ を求めればそれが速度ベクトルのポテンシャルになっていて,したがって各点における速度ベクトルが求められるでしょう。

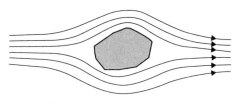

図 7.28　障害物がある流れ

最も基本的な例を挙げます。a を正の定数として,

$$f(z) = z + \frac{a^2}{z}$$

という正則関数を考え,

$$f(z) = \Phi(x,y) + i\Psi(x,y)$$

とおきます。$z = x + iy$ とおいて Φ, Ψ を求めましょう。

$$f(z) = x + iy + \frac{a^2}{x+iy}$$

$$= x + iy + \frac{a^2(x-iy)}{x^2+y^2}$$

$$= \left(x + \frac{a^2 x}{x^2+y^2}\right) + i\left(y - \frac{a^2 y}{x^2+y^2}\right)$$

より,

$$\Phi(x,y) = x + \frac{a^2 x}{x^2+y^2}, \quad \Psi(x,y) = y - \frac{a^2 y}{x^2+y^2}$$

となります。$\Psi(x,y) =$ 定数 はどんな曲線を表すかを調べてみます。まず $\Psi(x,y) = 0$ を解くと

$$y\left(1 - \frac{a^2}{x^2+y^2}\right) = 0$$

より $y = 0$ と $x^2 + y^2 = a^2$ が得られます。これは x 軸と円 $x^2 + y^2 = a^2$ なので, この円が障害物としてあるような流れを表すものと考えられます。

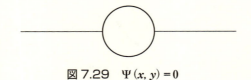

図 7.29　$\Psi(x, y) = 0$

さらに $c>0$ として $\Psi(x,y)=c$ で定まる曲線を c をいろいろ変えて書いてみましょう。

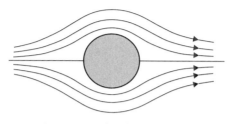

図 7.30　$\Psi(x,y)=c$　$(c>0)$

これは平面上を x 軸の方向に流れている流体が，円の形状をした障害物を避けながら流れていくときの流線を表すと考えられます。この流れの速度ベクトルのポテンシャルは $\Phi(x,y)$ として具体的にわかっていますから，各点における速度ベクトルを具体的に求めることができ，流体の動きが完全に把握できます。

ここで用いた正則関数 $f(z)$ を少しずつ変形していくと，障害物としていろいろな形状のものを表すことができ，いろいろな障害物があるときの流れが把握できます。特に障害物として飛行機の翼の形のものを持ってくれば，翼の回りの空

図 7.31　飛行機の翼と空気の流れ

気の流れが把握できることになるので,この手法は翼の設計に使うことができます。こうして正則関数の理論は,航空工学においても重要な役割を果たしているのです。

速度ベクトルと流線のような関係は,流体力学以外でもよく現れます。たとえば $\Phi(x,y)$ が万有引力とか静電場あるいは静磁場のポテンシャルのとき,相方の $\Psi(x,y)$ を用いて $\Psi(x,y)=$ 定数 で与えられる曲線は,万有引力とか静電場・静磁場によって物体が動くときの動線を与えることになります。したがって正則関数の理論は,力学や電磁気学でも活躍するのです。

リーマン(1826〜1866)は歴史上最高の数学者の一人で,代数学・幾何学・解析学すべての分野で画期的な仕事を成し遂げました。複素解析においても,既にコーシー・リーマン方程式に名前が現れたように多くの貢献がありますが,中でもリーマンの写像定理という定理を見出し,正則関数のもう1つの本質をとらえました。

定理7.8(リーマンの写像定理) 複素平面 $\mathbb{C}$ 全体とは一致しない $\mathbb{C}$ 内の単連結領域 Ω に対し,Ω から単位円板 $D=\{z\in\mathbb{C};|z|<1\}$ への写像

$$\varphi:\Omega\to D$$

で,等角同型であるものが存在する。(Ω はオメガと読みます。)

等角同型というのは、全単射で正則、かつ逆写像も正則であるような写像を指します。全射というのは、zをΩ全体で動かしたとき$\varphi(z)$がD全体になるということで、また単射というのは$z_1 \neq z_2$なら$\varphi(z_1) \neq \varphi(z_2)$となるということです。この両方が成り立つとき全単射といいます。全単射については逆写像が定義できますので、それも正則になるというのが等角同型の3番目の条件です。

領域Ωに関する複素解析的な議論をするとき、等角同型φによって話をDに関する議論に持っていって、その結論をφの逆写像でΩについての結論に翻訳することができるので、複素解析の観点からはΩとDはまったく同じものと見なすことができます。したがってリーマンの写像定理が述べている内容は、$\mathbb{C}$全体とは一致しない単連結領域は、(実に様々な形状のものがあり得るけれど)複素解析的にはすべて同じもので本質的な違いはない、ということになります。これはいろいろな単連結領域を思い浮かべると、実に驚くべき結論であることがわかります。

図 7.32 様々な単連結領域

リーマンの写像定理のリーマン自身による証明には不備があったことが指摘され、後の人々によって厳密な証明がつけられましたが、それでもリーマンのこの偉業の価値がいささ

かも損なわれることはありません。このようなことが成り立つ，と着想するところがまったく非凡です。

リーマンがなぜこのような定理を思いついたか，ということについては彼自身が述べているわけではありませんが，リーマンは物理学をよく理解していて，この節で述べてきたような流体の運動とか電磁気学の現象から，あらゆる領域は物理的には同等であるという考えがあったからではないかと推察されます。

閉曲線で囲まれた単連結領域 Ω と単位円板 D を考えましょう．それぞれの境界に均一な電荷が置かれたとすると，領域内に静電場が発生するはずです．したがってそれぞれの領域に静電場のポテンシャル $\Phi_\Omega(x, y), \Phi_D(x, y)$ が決まり，それぞれの相方 $\Psi_\Omega(x, y), \Psi_D(x, y)$ と合わせて正則関数

$$f_\Omega(z) = \Phi_\Omega(x, y) + i\Psi_\Omega(x, y),$$
$$f_D(z) = \Phi_D(x, y) + i\Psi_D(x, y)$$

が存在するでしょう．Ω の境界をなす閉曲線 C を D の境界である円 $|z|=1$ に連続的に変形すると，それに伴って $f_\Omega(z)$

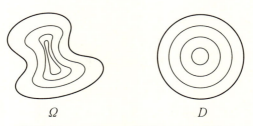

図 7.33 Φ_Ω と Φ_D の等ポテンシャル線

7 複素解析

は $f_D(z)$ に変形されていくと考えられます。この変形ができるということが、Ω と D の間に等角同型が存在するということの物理学的な根拠になっていると考えられます。

リーマンの写像定理は、正則関数の本質に鋭く迫るものです。正則関数が解析接続によって定義域を広げる話をしましたが、正則関数の中には単位円板 D で定義されていて D の外には解析接続できないものが存在します。たとえば整数論を複素解析を用いて研究する分野に現れる保型関数という関数からそのような関数がたくさん得られます。また簡単なベキ級数として

$$\sum_{n=1}^{\infty} z^{n!} = z^1 + z^{2!} + z^{3!} + z^{4!} + \cdots$$

は、収束半径が 1 で、$|z|=1$ のどの点においても発散するので、単位円板の外へ解析接続することはできません。つまり単位円板はある正則関数にとっては究極の定義域（それ以上広げることのできない定義域）となっています。するとリーマンの写像定理によって、任意の単連結領域は、なにがしかの正則関数の究極の定義域となることがわかります。つまり勝手な単連結領域を与えると、そこで正則でその外には解析接続できないような正則関数が必ず存在するということです。（少し専門的な言い方をすれば、単連結という位相幾何学（トポロジー）的な性質が、複素解析的性質を規定している、ということです。）

なお、20 世紀になると、正則関数の変数を増やした多変数正則関数についての研究が盛んになりました。多変数正則関数については、ハルトークスの原理と呼ばれる現象が発見さ

れて，ある形の単連結領域で正則な関数は必ずその領域より広いところに解析接続されることがわかりました。つまり単連結というトポロジー的な性質では正則関数の究極の定義域を規定できない，ということで，1変数と多変数の複素解析の決定的な違いが明らかになりました。それでは正則関数の究極の定義域となる領域はどのようなものか，という問題が現れ，岡潔（1901〜1978）がそれに決定的な解決を与えました。

物理現象は実数を変数とする関数で表されるので，複素変数の関数はとりあえず仮想的に考えてみましょうということで話を始めましたが，複素関数はそれ自身が豊かな性質を持った実在で，しかも少なくとも2次元においては，物理学は正則関数の理論と深く関わっていることもわかりました。

8 量子力学

　量子力学は原子のサイズ程度の微小な世界における運動を記述する物理学で，相対性理論と並んで20世紀の科学における最大の成果といわれています。我々が感じることのできる大きさの世界においてはニュートンの運動法則が成立するのですが，微小な世界においてはニュートンの運動法則では説明できない現象がいろいろと発見され，その説明をつけるために産み出されたのが量子力学です。

　量子力学は我々になじみのニュートン力学との比較で語られることが多く，その違いが奇妙さとして伝わっています。たとえば電子は粒子でありかつ波動であるとか，電子の位置と運動量を同時に観測することはできないとか。ここに感じる奇妙さは，原子レベルのものを人間レベルの大きさにたとえて考えることから生まれるもので，量子力学自体が奇妙なわけではありません。量子力学は数学的にはっきりと定式化された理論体系になっており，調べたい現象があればそれは数学の方程式として記述され，その解を求めることで現象が解明されます。その意味では，ニュートンの運動法則を解いて物理現象を調べるというのと，同様の構造になっているの

です。ただし量子力学にはまだ数学的に解決されていない問題も多く,さらにその延長線上にある素粒子論は現代物理学の最先端として現在活発に研究されています。

これまで解析学が自然現象を解明する様子を述べてきましたので,最後の章では量子力学において解析学がどのように働いているか,ということを見ていこうと思います。

とびとびの値を取る――量子

量子力学がどのようなきっかけで生まれ,どのように育っていったのか,というのは実に魅力的なストーリーで,多くの本に書かれています。本格的に物理学を学ぶ人向けの専門書でも,なるべく数式を使わないで内容を伝えようとする啓蒙書でも,ニュートン力学やマクスウェルの電磁気学では説明できない現象が発見されたというところから始まり,それがどう説明できるようになったか,という流れで語られることが多いようです。それは実際の流れで,ニュートン力学・マクスウェル電磁気学からすると奇妙な現象に出会った物理学者たちが,様々な思考を繰り広げ,様々な実験を考案し,新しい発想を獲得して量子力学ができていったわけです。

理論のできた経緯を辿るのはその理論を理解する1つの有効な方法ですが,その経緯をずっと追っていかないと結局どうなったのかがわからない,というのが難点ですね。そこで本書では,経緯の詳細にはこだわらず,後知恵を交えながら,量子力学とはどのようなものなのかということを微力ながら描いてみようと思います。

それでも経緯には敬意を表して,プランク(1858〜1947)

とアインシュタイン（1879～1955）の発見から始めましょう。

エネルギーというのは，連続的な値を取ると考えられます。たとえば重力による位置エネルギーは，その物体の高さの1次式となり，高さを連続的に動かすと位置エネルギーの値も連続的に変化します。さて19世紀の後半ですが，黒体放射（黒体輻射）という現象において，理論値と実験値のわずかな違いが見出されました。黒体というのは光を反射しない物体を指します。その黒体は高温のときに光を放射するのですが，その放射する光の振動数を調べるという実験が行われました。量子力学以前の物理学（それを古典物理学，場合によっては古典力学と呼びます）を駆使して得られたウィーンの公式というのがあり，それを適用して求めた理論値は，振動数が大きなところでは実験値とよく合うのだけれど，振動数が小さいところで微妙に食い違うことがわかったのです。

プランクはその食い違いを解消する新しい公式を提案し，そしてその新しい公式がどういう原理から導かれるだろうかという問題を考えました。そしてたどり着いたのが驚くべき結論で，それはエネルギーは連続的な値を取るのではなく，「とびとびの値を取る」というものです。このプランクの驚くべき発見の道筋については，『逆問題の考え方』（上村豊著，講談社ブルーバックス）に見事な解説がありますので是非ご覧下さい。エネルギーは離散的な1つ1つ数えられるようなものだ，ということなので，エネルギーをあたかも原子のように見なすことができます。そのように見たエネルギーを

「エネルギー量子」と呼びます。

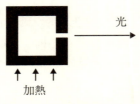

図 8.1 　黒体放射

　エネルギー量子の発見が新しい物理学＝量子力学の幕開けとなりました。ところでこの話は，ケプラーによる惑星の研究を思い出させます。第 2 章のはじめのところで述べたように，17 世紀，ケプラーは，ティコ＝ブラーエによる惑星の観測結果が天動説による理論値とわずかに食い違うという現象を解決しようとして，ついにケプラーの法則（惑星は楕円軌道を描く，などの法則です）を発見して近代物理学の幕を開けたのでした。当時の天動説は非常に精緻で，何か観測値と合わない場合があると，理論に修正を施してそのずれを解消するというように積み上げられてきました。こうして天動説でも惑星の軌道はほぼ記述できていたので，細かいことには目をつぶればいいじゃないか，と考えればケプラーの発見はありませんでした。黒体放射のウィーンの公式もほぼ実験結果と合っていたわけですから，まあまあいいでしょう，と気にしないのが普通の人の反応と思われます。

　ところがケプラーを含むティコの天文台の人々，そしてプランクを含む 19 世紀の物理学者たちは，これらわずかの違いを解消すべき問題と考え，必死に取り組んだのです。ここ

に科学者の魂を見ることができますね。理論なんてどうせ近似的に物事を表しているに過ぎないから，理想的な場合にしか適用できないものなのだから，理論値と実験値・観測値が多少違っても，大したことはないじゃないか，ふつうならそう思うところです。しかし科学者は，理論に絶対の信用を置いていて，正しい理論は正しい結果を導くものであると確信しているようです。わずかでもずれがあるということは，正しい理論ではないということだから，存在するはずの正しい理論を見つけなくてはならない，と考えて，その追求に命をかけるのです。そしてそのような科学者の営みが，自然の真の姿を明らかにしてきたのでした。

革命的な真理を発見したケプラー，プランクは，ともにその発見をしたときの心を綴っています。ケプラーは「私は自分が夢を見ていると思った」といい，プランクは「暗闇に光が射し，新しい，夢にも思わなかった世界が私の目の前に広がった」といっています。

プランクの革命的発想を引き継いだのはアインシュタインでした。光は電磁波の一種で，したがって波動（波）です。そのため回折・干渉などの現象が観測されます。19世紀に，金属に光を当てると電子が飛び出すという現象が発見されました。これを光電効果といいます。この現象においては，奇妙なことに，振動数がある値より小さな光をいくら強く当てても電子が飛び出さないのです。

これはマクスウェル方程式で記述される電磁気学では全く説明できない現象で，当時の物理学における大きな未解決問題となりました。アインシュタインは，プランクのエネルギ

一量子のように，光もとびとびの値を取る量子として振る舞うと考えればこの現象が説明できることを示しました。これは光量子と呼ばれる考え方で，光をあたかも1つ1つ数えられる粒子であるかのように扱うわけです。すると光電効果は説明できるけれど，一方で光は回折・干渉といった波の性質を明らかに示しています。では光は粒子であって同時に波であるのか？ こうして1つ問題の解決が新しい謎をもたらすのですが，ここではこれ以上深入りはしません。

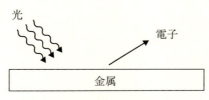

図 8.2 光電効果

プランクのエネルギー量子の論文は 1901 年，アインシュタインの光電効果の論文は 1905 年に発表されました。これが量子力学の産声です。(その後多くの研究が積み重ねられ，量子力学は 20 世紀の半ば頃までにはほぼ理論としての体系ができあがったようです。)

エネルギーや光がとびとびの値を取る量子である，というのは，物理学的世界像からすると大変奇妙に思われるかもしれませんが，一方で我々はそのようにとびとびの値を取る現象を古典物理学の世界でもよく見出しています。

第4章で私たちは，ラグランジュらによる弦の振動の解析を見ました。弦の振動を表す関数 $u(t,x)$ は波動方程式とい

う微分方程式の解になります。波動方程式はどこにも離散的なところのない連続的な方程式で、その解 $u(t,x)$ もあらゆる周波数の音を表すことが可能なのですが、弦の振動においては両端が固定されているという条件（境界条件）があったために、解に制約が加わり、特定の周波数の音しか得られないということになっていました。

つまり、連続的な微分方程式の解であっても、境界条件を課すことで、得られる周波数はとびとびの値となるのです。このような例を想起するなら、量子というのも、連続的な微分方程式になにがしかの境界条件を課した結果得られるもの、と考えられるのではないでしょうか。物理的な意味づけはとりあえず不明としても、数学的には量子を実現するメカニズムはすでに用意されていたのです。

密度関数

量子力学の数学的定式化を述べる前に、もう1つ、密度関数の考え方を紹介したいと思います。

密度というのは、金属の密度、水の密度などのように、各物質の単位体積あたりの重さ（質量）を指します。また対象が針金などの線状のものであれば、単位長さあたりの重さが密度（線密度ともいう）です。密度がわかれば、その物体の重さは密度に体積（線状のものであれば長さ）を掛けることで得られます。ふつう密度は均一の素材でできているものに対して考えますが、いくつかの物質を不均一に混合してできたものについては、場所によって材質が違うので、ある場所は重くある場所は軽いということになります。そのような物

体の密度はどう定義すればよいでしょうか。

考えやすいように，線状の物体を考えましょう。均一の素材ではなく場所ごとに重さが違うとします。密度に果たしてもらいたい役割は，長さ（体積）を与えたときに重さを教えてくれることです。しかし場所ごとに重さが違う場合は，単に長さではなくて，ここからここまで，というように部分を指定したときにその重さを答えてくれる役割が望まれます。そのような仕事には積分が適任です。x 軸に線状の物体が置かれているとすると，ここからここまでというのは $a \leq x \leq b$ というような区間で表されますから，その部分の重さが

$$\int_a^b \rho(x)dx$$

で与えられるようになっていればよいでしょう。もし物質が均一で密度が ρ_0 という定数であれば，$\rho(x)=\rho_0$ という場合だと考えてこの積分を計算すると

$$\int_a^b \rho(x)dx = \int_a^b \rho_0\, dx = \rho_0(b-a)$$

となって通常の密度を用いた結果に一致します。$\rho(x)$ は，重い素材がある部分では値が大きく，軽い素材がある部分では値が小さくなるような関数になっています。このような関数 $\rho(x)$ のことを，密度関数といいます。

場所ごとに重さが異なるので，1点を指定してここの重さ，という測り方ができればいいのですが，どんなに短くても何か長さがなければ重さは発生しません。しかし短くても長さがあれば場所ごとに重さが違うだろうから，長さに定数を掛けて重さを出すわけにはいきません。このジレンマを解決す

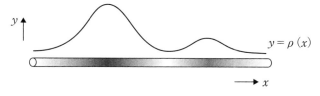

図 8.3　密度関数

るのが密度関数なのです。密度関数の値が大きい部分は重いところだし小さいところは軽いところですが，密度関数の値自体は重さそのものではありません。密度関数は間接的に重さを表す存在で，積分されることで初めて実体化されるのです。間接的にというのは高度な思考方法ですが，理解してしまえばとても便利なものであることがわかります。

　もう1つ例を挙げましょう。たとえばバス停にバスの来る時刻を考えます。予定時刻が8時というバスがあったとして，いつも10分くらい遅れるとしましょう。その遅れ具合を定量化しようと思ったとき，バスが8時ちょうどに来る確率はこれこれ，8時10分に来る確率はこれこれ，したがってたいてい10分遅れる，というような述べ方はできません。

　バスの到着時刻は連続的なもの（連続確率変数）なので，ちょうど○時○分に到着するという確率は0としなければならないからです。もしその確率が0でなければ，その時刻からほんの少しずれた時刻に到着する確率もほぼ同じでしょうし，そしてほんの少しずれた時刻は無数にありますから，それらの確率の和は無限大になってしまいますね。

意味のある設定の仕方は，どの時刻からどの時刻まで，という幅を設定して，その間にバスが来る確率というのを考えることです。たとえば8時8分から8時12分の間にバスが来る確率は40%で，7時58分から8時2分の間に来る確率が10%などとなっていれば，確かにだいたい10分遅れで来るだろう，ということがわかります。したがってこの場合も，確率は時間軸上の区間に対して定まるものとなっているので，区間に対して値が決まるということでやはり積分で表されると考えられます。つまり$a \leq t \leq b$という時間軸上の区間に（バスが来るという）出来事が起きる確率が，ある関数$p(t)$を用いて

$$\int_a^b p(t)dt$$

という形で与えられるのです。この場合の$p(t)$は，時刻tに出来事が起きる確率ではありませんが，$p(t)$の値が大き

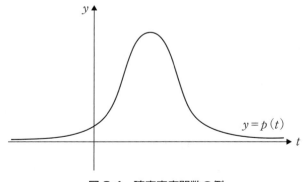

図 8.4　確率密度関数の例

い場所では出来事が起きる確率が高くなる，という意味で確率を間接的に表しているものと思えます。このようにその関数を積分することで確率が得られるものを，密度との類推から確率密度関数と呼びます。

複素内積とエルミート行列

量子力学の理論は複素数の上に構築されています。第6章でベクトル空間，その特別なものとしてヒルベルト空間を紹介しましたが，すべて実数の世界の上での話として述べました。量子力学は複素数の世界の上に定義されるヒルベルト空間が舞台となるので，量子力学の理論を理解するには，複素数を成分とするようなベクトルの話を頭に置いておくことが非常に有効です。そこでこの節では，複素数の全体 $\mathbb{C}$ の上に定義されるベクトル空間について，必要最小限のことをまとめておきたいと思います。

その前に，共役複素数というものを導入しておきます。複素数 $z = x + iy$ に対して，

$$\bar{z} = x - iy$$

という複素数を，z の共役複素数といいます。これは複素平面においては，z と x 軸に関して対称の位置にある点に相当します。共役複素数については，

$$\overline{(z_1 + z_2)} = \bar{z}_1 + \bar{z}_2, \quad \overline{(z_1 z_2)} = \bar{z}_1 \bar{z}_2$$

が成り立つことが簡単に確かめられます。また z とその共役複素数 $\bar{z}$ との積を求めると，

$$z\bar{z} = (x+iy)(x-iy) = x^2+y^2 = |z|^2$$

ということがわかります。

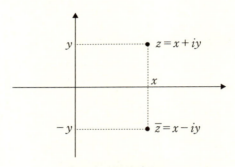

図 8.5 共役複素数

複素数を成分とする n 成分ベクトルの全体を $\mathbb{C}^n$ で表します。つまり，$z_1, z_2, \cdots, z_n \in \mathbb{C}$ により

$$\begin{pmatrix} z_1 \\ z_2 \\ \vdots \\ z_n \end{pmatrix}$$

と表されるようなベクトルの全体です。$\mathbb{C}^n$ においても和と定数倍が定義できるので，$\mathbb{C}^n$ はベクトル空間となります。ただし定数倍するときの定数としては，実数に限らず複素数も許します。

さて $\mathbb{C}^n$ に内積を定義します。内積は第 6 章で（IP）という条件をみたすものとして定義したのですが，定数倍として

複素数倍も考えることになったため，その定義を少し変更します。まず定義を述べましょう。$u=\begin{pmatrix} z_1 \\ z_2 \\ \vdots \\ z_n \end{pmatrix}, v=\begin{pmatrix} w_1 \\ w_2 \\ \vdots \\ w_n \end{pmatrix} \in \mathbb{C}^n$ に対し，その内積 (u, v) を

$$(u, v) = z_1\overline{w_1} + z_2\overline{w_2} + \cdots + z_n\overline{w_n}$$

により定義するのです。ふつうの内積と違い，右側に来るベクトルについては各成分の共役複素数を使います。この内積をふつうの内積と区別するときには，複素内積と呼びます。ここで自分自身との内積を計算してみます。

$$(u, u) = z_1\overline{z_1} + z_2\overline{z_2} + \cdots + z_n\overline{z_n} = |z_1|^2 + |z_2|^2 + \cdots + |z_n|^2$$

となるので，これは 0 以上の実数になります。これが 0 になるのはすべての z_i が 0 のときに限るので，$u=0$ を意味します。これらも含めて，複素内積の性質を挙げると，

(CIP) $\begin{cases} (v, u) = \overline{(u, v)} \\ (u+v, w) = (u, w) + (v, w) \\ (u, v+w) = (u, v) + (u, w) \\ (\alpha u, v) = \alpha(u, v) \\ (u, \alpha v) = \overline{\alpha}(u, v) \\ (u, u) \geqq 0 \\ (u, u) = 0 \Leftrightarrow u = 0 \end{cases}$

となります。ただし $\alpha \in \mathbb{C}$ です。u と v を入れ替えると値が

共役複素数になること，右側に来るベクトルを複素数倍すると，内積はその共役複素数倍されること，という点がふつうの内積との違いです。これらの性質は，定義から簡単に示されます。

次に，複素数を成分とする n 次正方行列 A を考えます。すぐ後で $n=2$ の場合の具体的な例を挙げますが，行列についてご存じない方は $u \in \mathbb{C}^n$ に対して Au も $\mathbb{C}^n$ の元となる，ということだけ認めていただければ結構です。この行列 A が，いま定めた複素内積に関して

(SA) $\qquad\qquad (Au, v) = (u, Av)$

という振る舞いをするとしましょう。この等式がすべての $u, v \in \mathbb{C}^n$ について成り立つとするのです。

このような行列は，たとえば $n=2$ のときなら

$$A = \begin{pmatrix} a & b+ic \\ b-ic & d \end{pmatrix} \quad (a, b, c \text{ は実数})$$

として与えられます。(これは簡単な演習問題です。)

条件（SA）をみたす行列を，エルミート行列と呼びます。エルミート行列については，以下の2つの事実が基本的です。

定理 8.1 エルミート行列の固有値は実数である。

定理 8.2 エルミート行列の異なる固有値に対する固有ベクトルは互いに直交する。

固有値・固有ベクトルについては，第4章で少し触れましたが，あらためて説明しておきましょう。一般に n 次正方行列 A に対して，ベクトル $v \in \mathbb{C}^n$ を持ってくると $Av \in \mathbb{C}^n$ となるのですが，この Av というベクトルがたまたま元のベクトル v の定数倍になるということが起こりえます。その定数を λ とおくと

$$Av = \lambda v$$

ということです。ただし $v=0$ ならこれはいつでも成り立つので，$v \neq 0$ とします。このような v と λ は特別に選ばれたものです。このとき λ を A の固有値，v を A の λ に対する固有ベクトルといいます。固有値は固有方程式と呼ばれる n 次方程式の解となりますので，代数学の基本定理によって，固有値は複素数の範囲にあることがわかります。

それではこれら2つの定理を証明しましょう。

定理 8.1 の証明 λ をエルミート行列 A の固有値，v を λ に対する固有ベクトルとします。このとき内積 (Av, v) を2通りに計算します。

$$(Av, v) = (\lambda v, v) = \lambda(v, v)$$
$$(Av, v) = (v, Av) = (v, \lambda v) = \overline{\lambda}(v, v)$$

はじめはそのまま，2番目はエルミート行列の性質を使って計算しました。同じものを計算しているので

$$\lambda(v, v) = \overline{\lambda}(v, v)$$

が成り立ち，また $v \neq 0$ でしたから（CIP）によって $(v,v) \neq 0$ です。したがってこの等式が成り立つには

$$\lambda = \overline{\lambda}$$

が必要で，これは共役複素数の定義に照らせば，λ が実数であること（$\lambda = a + ib$ とおいたときに $b = 0$ となること）を意味します。こうして固有値が実数であることが示されました。

定理 8.2 の証明 λ, μ を A の異なる固有値，u, v をそれぞれに対する固有ベクトルとします。すなわち $u \neq 0, v \neq 0$ で

$$Au = \lambda u, \quad Av = \mu v$$

となっています。定理 8.1 によって，λ, μ はいずれも実数です。ここで内積 (Au, v) をやはり 2 通りに計算します。

$$(Au, v) = (\lambda u, v) = \lambda(u, v)$$
$$(Au, v) = (u, Av) = (u, \mu v) = \overline{\mu}(u, v) = \mu(u, v)$$

となります。最後の $\overline{\mu} = \mu$ は μ が実数だからです。これより

$$\lambda(u, v) = \mu(u, v)$$

が得られましたが，$\lambda \neq \mu$ としていたので，$(u, v) = 0$ が結論されます。つまり 2 つの固有値の内積は 0 になります。定理 8.2 の結論の「直交する」というのは，内積が 0 になるという意味だったので，これで証明が終わりました。

具体的なベクトル空間 $\mathbb{C}^n$ について述べてきましたが，一般に定数倍として複素数倍も考えることができるようなベクトル空間（複素ベクトル空間ということもあります）があって，その場合の内積は，ここで挙げた条件（CIP）をみたすものである，ということを了解しておいて下さい。以上で量子力学を述べる準備が整いました。

シュレディンガー方程式

微小な世界における運動，たとえば水素原子内の電子の運動を記述しようと思います。もしニュートン力学が適用されるなら，時刻 t における電子の位置を $(x(t), y(t), z(t))$ として，3つの関数 $x(t), y(t), z(t)$ がみたす運動方程式を解いて解を求めればよいことになります。ところが量子力学では，このような記述の仕方は不可能であるとします。量子力学が主張するのは，電子の運動は，電子が空間内のこれこれの領域に存在する確率は○○である，という形で述べられるということなのです。この記述の仕方は，ニュートン力学の見方からすると満足いくものではないように思われるかもしれませんが，電子の存在確率が決まることをもって運動が記述されるわけですから，それはそれで十分用をなす仕方です。

ということで，問題はその確率がどうやって決まるかです。この場合の確率は，空間内の領域を指定するとその領域内に電子が存在する確率はこれこれという形で表されるものなので，バス停にバスが到着する時刻の場合と同じように確率密度関数で表されます。ただしいまの場合は空間内の領域

上で積分して確率が得られるということになるので，その積分は x, y, z という3変数の（3次元の）積分になります。高次元（2次元以上）の積分については本書では述べませんでしたが，1次元（1変数）の場合の定義から類推していただければと思います。よって確率密度関数には，x, y, z が変数として入っています。さらにどの時刻における話なのか，ということも関わりますので，時間変数を t として，確率密度関数は x, y, z, t という4変数の関数となります。

この確率密度関数を決めれば，量子力学における運動が記述できるということになりました。そして確率密度関数を決定するのが，**シュレディンガー方程式**と呼ばれる微分方程式です。シュレディンガー方程式は，ニュートン力学におけるニュートンの運動方程式に相当する，量子力学の基礎方程式です。しかしここで注意しなければならない重要な点があります。シュレディンガー方程式は，確率密度関数がみたす微分方程式ではないのです。シュレディンガー方程式は「波動関数」と呼ばれる関数のみたす微分方程式で，確率密度関数は波動関数を用いて定められます。もともと電子の位置を知りたかったのですが，それは確率的にしかわからない，ではその確率はというと密度関数がわかれば決まる，その密度関数は波動関数がわかれば決まる，というものすごく回りくどい仕方で物事が決まるということです。

位置 → 確率 → 確率密度関数 → 波動関数

したがってこれを逆に辿って

位置 ← 確率 ← 確率密度関数 ← 波動関数

という流れで物事が把握できることになります。運動を知りたいのに物体の位置は確率という間接的な方法でしか知ることはできない，その確率を与える密度関数は，波動関数から間接的にしか得られない，というこの二重の間接性が，量子力学の発見の大きな障害となり，多くの物理学者を悩ませたわけですね。しかしわかってしまえば，こういうものだと思って扱えばよいので，量子力学は難しい話ではなくなります。

　2番目の間接性について考えます。波動関数はシュレディンガー方程式をみたし，確率密度関数は波動関数から決まるのだから，確率密度関数も微分方程式をみたすはずで，それを直接考えればよいではないか，と思うところです。そうはせずに波動関数を考えるのには，深い意味があります。

　波動関数のみたす微分方程式であるシュレディンガー方程式は，線形微分方程式というカテゴリーに入るもので，これは波動方程式とか熱方程式と同様に，解の重ね合わせができる方程式なのです。波動方程式を例に取ると，$u_1(t,x)$という解と$u_2(t,x)$という解があれば，α, βを定数とするとき

$$u(t,x) = \alpha u_1(t,x) + \beta u_2(t,x)$$

も解になるということです。量子力学においても，量子の動きには波動性が見られ，回折・干渉といった現象が観測されました。したがって，そこには重ね合わせの原理が働く構造があると強く推察されたのです。このような考察から，量子

の従う運動方程式も線形方程式となっているべきである、という作業仮説が設けられました。

こうして発見されたシュレディンガー方程式は、次のような形 (S) をしています。未知関数となる波動関数を $\Psi = \Psi(t, x, y, z)$ とおきましょう。

(S) $$i\hbar \partial_t \Psi = -\frac{\hbar^2}{2m} \Delta \Psi + U(x, y, z) \Psi$$

いろいろな記号が現れましたので、説明していきます。まず左から見ていくと、i は虚数単位 $\sqrt{-1}$ を表します。$\hbar$ はプランク定数と呼ばれる定数 h を 2π で割った定数で、非常に小さい正の数です。m は考える粒子の質量を表します。Δ というのはラプラシアンと呼ばれる微分作用素で、

$$\Delta \Psi = \partial_x^2 \Psi + \partial_y^2 \Psi + \partial_z^2 \Psi$$

がその定義です。$U(x, y, z)$ というのは (x, y, z) の関数で、ポテンシャルと呼ばれます。ポテンシャルは問題に応じていろいろ取り替えられます。

まず注目すべきは、左辺に現れる虚数単位 i です。物理現象を表すにもかかわらず、微分方程式に i が現れたので、波動関数 $\Psi(t, x, y, z)$ の値は複素数になります。この複素数値関数から実数値の確率密度関数を作るやり方は、その絶対値の2乗を取るのです。すなわち

$$|\Psi(t, x, y, z)|^2 = \Psi(t, x, y, z) \overline{\Psi(t, x, y, z)}$$

が確率密度関数となります。より正確に述べると、確率密度

関数となるためには,全体の確率が1ということから

$$\int_{\mathbb{R}^3} \Psi(t,x,y,z)\overline{\Psi(t,x,y,z)}dx\,dy\,dz = 1$$

という条件が課されます。(ここで$\mathbb{R}^3$というのはxyz空間全体を表します。)しかしいつもこの条件を課すと議論が窮屈になるので,この積分の値は1でなくてもよいがなにがしかの有限の値になる(つまり無限大には発散しない)という条件に緩めておきます。もし積分の値が$A>0$だとすると,$\Psi(t,x,y,z)$の代わりに$\frac{1}{\sqrt{A}}\Psi(t,x,y,z)$を考えればいつでも確率密度関数が得られるので,このように緩めても支障はありません。

さてそうすると,$\Psi(t,x,y,z)$という関数はシュレディンガー方程式(S)の解であり,かつ$L^2(\mathbb{R}^3)$に属するものということになります。$L^2(\mathbb{R}^3)$というのは第6章に現れた$L^2(\mathbb{R})$と同様のヒルベルト空間で,全体の空間を$\mathbb{R}^3$に読み替え,複素数値なので単なる2乗ではなく絶対値の2乗を取るというふうに読み替えれば,第6章の定義がそのまま使えます。

波動関数$\Psi(t,x,y,z)$のままだと重ね合わせができて,2つの波動関数の和はまた波動関数となります。一方それから確率密度関数を作ると,その重ね合わせは単純ではなく,新しい効果が現れます。つまりΨ_1, Ψ_2を2つの波動関数とするとき,

$$\begin{aligned}|\Psi_1+\Psi_2|^2 &= (\Psi_1+\Psi_2)(\overline{\Psi_1}+\overline{\Psi_2}) \\ &= \Psi_1\overline{\Psi_1}+\Psi_2\overline{\Psi_2}+\Psi_1\overline{\Psi_2}+\Psi_2\overline{\Psi_1}\end{aligned}$$

$$= |\Psi_1|^2 + |\Psi_2|^2 + \Psi_1\overline{\Psi_2} + \Psi_2\overline{\Psi_1}$$

となるので,最後の2つの項が余計に出てきます。実はこれらの項の効果が量子力学の実験結果をきちんと説明することがわかり,この定式化が正しいということになったのです。

それでは,シュレディンガー方程式 (S) を解いてみましょう。第4章で波動方程式や熱方程式を解いたときのやり方を踏襲して,変数分離解を探すことにします。つまり

$$\Psi(t,x,y,z) = g(t)\phi(x,y,z)$$

というように,t だけの関数と (x,y,z) だけの関数の積の形で解を探します。(S) に代入して

$$i\hbar g'\phi = -\frac{\hbar^2}{2m}g\Delta\phi + U(x,y,z)g\phi$$

となり,両辺を $g\phi$ で割って

$$i\hbar\frac{g'}{g} = \left(-\frac{\hbar^2}{2m}\Delta\phi + U(x,y,z)\phi\right)/\phi$$

が得られます。この両辺は t にも (x,y,z) にも依存しないので定数となることがわかります。その定数を E とおきましょう。こうして2つの微分方程式が得られます:

$$\begin{cases} i\hbar g' = Eg & \cdots\text{①} \\ -\dfrac{\hbar^2}{2m}\Delta\phi + U(x,y,z)\phi = E\phi & \cdots\text{②} \end{cases}$$

はじめの微分方程式①は簡単に解けて,

$$g(t) = e^{-\frac{iE}{\hbar}t}$$

が得られます。

途中ですがここで,第4章で弦の振動を表す波動方程式の変数分離解を求めたときの議論を思い起こしましょう。変数分離の過程で現れた定数 λ は,境界条件からその値が決まったのですが,最終的には解となる音の周波数を決める重要な定数なのでした。

実は今の議論でも同様の構造になっています。変数分離において現れた定数 E には,以下で考えるような水素原子の場合には,そのエネルギーという重要な意味があることがわかります。そしてその値は方程式②に物理的に意味がある解が存在する,という条件を課すことで決定されることになります。このことを頭に置いて,以下の議論をご覧下さい。

2番目の方程式②については,ポテンシャル $U(x,y,z)$ を決めないと解けません。そこで1つの例として,水素原子内の電子の運動のように,原子核からの引力が働いている場合のポテンシャル

$$U(x,y,z) = -\frac{\alpha}{r}, \ r = \sqrt{x^2+y^2+z^2}$$

を考えることにしましょう。ここで a は正の定数です。この U は r で表されているので、座標として (x, y, z) を使うより、r も座標成分に含むような別の座標を用いるのがよいでしょう。ということで、そのようなものの1つである極座標 (r, θ, φ) を採用することにします。

極座標の意味は、図8.6 をご覧頂ければわかると思います。2つの座標 (x, y, z), (r, θ, φ) の関係は、次の式で与えられます。

$$\begin{cases} x = r \sin\theta \cos\varphi \\ y = r \sin\theta \sin\varphi \\ z = r \cos\theta \end{cases}$$

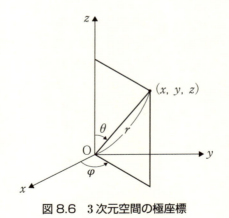

図 8.6　3次元空間の極座標

以下では記号が煩雑になるのを避けるため、

$$\alpha' = \frac{2m}{\hbar^2}\alpha, \ E' = \frac{2m}{\hbar^2}E$$

とおきます。このとき②は

$$\Delta\phi + \left(\frac{\alpha'}{r} + E'\right)\phi = 0 \quad \cdots ②'$$

と書けます。

　これからの議論は，本格的な解析学の計算・理論を必要とするので，すべてを詳しく説明することはできません。そこで節目となる部分を取り出して，流れを説明することにしたいと思います。

　まず微分方程式②'を極座標で書き換えなければなりません。それにはラプラシアン Δ を書き換えればよいのですが，それには相当な計算を要します。その計算過程は省いて結果だけを書きましょう。

$$\Delta\phi = \partial_r^2\phi + \frac{1}{r^2}\partial_\theta^2\phi + \frac{1}{r^2\sin^2\theta}\partial_\varphi^2\phi + \frac{2}{r}\partial_r\phi + \frac{\cos\theta}{r^2\sin\theta}\partial_\theta\phi$$

となります。次に，ϕ を変数分離の形であると仮定します。つまり

$$\phi = R(r)\Theta(\theta)\Phi(\varphi)$$

という積の形で表されるとします。(Θ：シータ) するとラプラシアンを施した結果は，ラプラシアンが極座標で書き換えられているので

$$\Delta\psi = R''\Theta\Phi + \frac{1}{r^2}R\Theta''\Phi + \frac{1}{r^2\sin^2\theta}R\Theta\Phi''$$

$$+ \frac{2}{r}R'\Theta\Phi + \frac{\cos\theta}{r^2\sin\theta}R\Theta'\Phi$$

となります。したがって方程式②′ は

$$R''\Theta\Phi + \frac{1}{r^2}R\Theta''\Phi + \frac{1}{r^2\sin^2\theta}R\Theta\Phi'' + \frac{2}{r}R'\Theta\Phi$$

$$+ \frac{\cos\theta}{r^2\sin\theta}R\Theta'\Phi + \left(\frac{\alpha'}{r} + E'\right)R\Theta\Phi = 0$$

となります。この方程式では3つの変数 (r, θ, φ) が混ざっていますが,これまでやってきたのと同じようにこれを1変数だけの微分方程式に分離することにします。そのため全体を $R\Theta\Phi$ で割って,さらに r^2 を掛けましょう。そうすると第1段の分離ができるようになります。すなわち

$$r^2\frac{R''}{R} + 2r\frac{R'}{R} + (r\alpha' + r^2 E')$$

$$= -\frac{\Theta''}{\Theta} - \frac{1}{\sin^2\theta}\frac{\Phi''}{\Phi} - \frac{\cos\theta}{\sin\theta}\frac{\Theta'}{\Theta} = A$$

が得られます。ここで A は分離した結果現れる定数で,いまのところ定数ということしかわかりません。この右側の方程式に $\sin^2\theta$ を掛けると,第2段の分離ができます。

$$\sin^2\theta\frac{\Theta''}{\Theta} + \sin\theta\cos\theta\frac{\Theta'}{\Theta} + A\sin^2\theta = -\frac{\Phi''}{\Phi} = B$$

ここで B は分離定数で,これもまだ定数であることしかわかりません。

8 量子力学

まず最後に分離できた Φ についての微分方程式

$$\Phi'' + B\Phi = 0$$

を解きます。これは弦の振動の解析でも出てきた方程式で，解は

$$\Phi(\varphi) = a\sin\sqrt{B}\varphi + b\cos\sqrt{B}\varphi \quad (a, b は定数)$$

と表されます。ここで極座標の意味を考えると，φ と $\varphi+2\pi$ は同じ位置を表すことがわかります。したがって $\Phi(\varphi)$ という関数は，

$$\Phi(\varphi+2\pi) = \Phi(\varphi)$$

をみたさなければなりません。このためには $\sqrt{B}$ は整数でなければならないので，

$$B = k^2 \quad (k = 0, 1, 2, \cdots)$$

が得られます。これで第 2 の分離定数が決まりました。

この結果を用いて Θ の微分方程式を書くと，

$$\sin^2\theta\Theta'' + \sin\theta\cos\theta\Theta' + (A\sin^2\theta - k^2)\Theta = 0$$

となります。この微分方程式に対しては，

$$\cos\theta = t$$

により変数を θ から t に変換して考察します。変換した結果を導くにはやはり解析学の知識が必要ですが，そこは省略して結論だけを書きましょう。変換後の t を変数とする未知関

数を $w(t)$ とおきます。つまり $\Theta(\theta) = w(\cos\theta)$ とします。すると $w(t)$ のみたす微分方程式として，

$$(1-t^2)^2 w'' - 2t(1-t^2)w' + (A(1-t^2) - k^2)w = 0$$

が得られます。Φ の微分方程式は $\sin, \cos$ を用いて解が表されましたが，この方程式は（一般には）初等関数で解を表すことができません。その意味で一段難しい微分方程式なのですが，それでもまだ何とか調べることができます。w'' の係数を 1 にするため，両辺を $(1-t^2)^2$ で割ってみます。

(L) $\quad w'' - \dfrac{2t}{1-t^2} w' + \left(\dfrac{A}{1-t^2} - \dfrac{k^2}{(1-t^2)^2} \right) w = 0$

すると w' や w の係数は分母に $1-t^2 = (1-t)(1+t)$ を含むことになり，$t = \pm 1$ で発散します。このような点 $t = \pm 1$ を，微分方程式の特異点と呼びます。特異点では係数が無限大に発散するので，できればそんなところではものを考えたくないのですが，特異点にこそ情報が集約しているというのがプロの見方です。

この見方をはっきりと打ち出したのはリーマンと思われます。（人間でも，普通に穏やかに生活しているときにはよくわかりませんが，逆境に出会ったり極限状況に追い込まれたりしたときに，その人の本性がはっきり現れるでしょう。）もう少し丁寧にいうと，特異点を踏んでしまったら無限大が現れるので，特異点を踏まないようにして特異点の近くを動いてみるとよい，ということです。このような調べ方を局所解析といいます。

そこで微分方程式 (L) について, $t=-1$ および $t=1$ における局所解析を行います。その結果, $t=-1$ の近くでは

$$w_1(t) \approx (1+t)^{k/2}, \ w_2(t) \approx (1+t)^{-k/2}$$

という2種類の解が存在することがわかります。ただし $w(t) \approx \phi(t)$ という記号は, $w(t)$ はだいたい $\phi(t)$ と同じような挙動をするということを表します。そして (L) が線形微分方程式のカテゴリーに入るため, すべての解はこれら2つを用いて

$$w(t) = aw_1(t) + bw_2(t) \quad (a, b \text{ は定数})$$

と表されます。同様に $t=1$ の近くでは,

$$w_3(t) \approx (1-t)^{k/2}, \ w_4(t) \approx (1-t)^{-k/2}$$

という2種類の解が存在し, 一般の解は

$$w(t) = cw_3(t) + dw_4(t) \quad (c, d \text{ は定数})$$

とも表されます。

さてこれら4つの解を物理の立場から見てみましょう。まず変数 t の定義から, $t=1$ というのは $\cos\theta=1$ だから $\theta=0$ に対応し, $t=-1$ は同じく $\theta=\pi$ に対応します。ここで極座標の意味を考えると, $\theta=0, \pi$ というのは z 軸を表すことがわかります。3次元空間の中の z 軸というのは, いま考えている物理現象においては何も特別な意味を持たない場所ですから, そこで何か特別なことが起こる理由はないでしょう。$k=0, 1, 2, \cdots$ としていましたが, 簡単のため $k>0$ の場合に限

ります。すると $w_2(t)$ は $t\to-1$ とすると ∞ に発散し,同じく $w_4(t)$ は $t\to 1$ とすると ∞ に発散することがわかります。何も起きないはずの z 軸で発散が起こるのはおかしいので,$w(t)$ は $t=-1$ の近くでは $w(t)=aw_1(t)$,$t=1$ の近くでは $w(t)=cw_3(t)$ とならないといけません。そのような都合のよい解は普通は存在しないのですが,(L) に現れるパラメーター A が特別な値を取るときに限って存在することが証明できます。そこの議論も解析学としては面白い部分なのですが,ここでは説明いたしません。答えだけ述べると,そのような特別な解が存在するための条件は,

$$A = (\ell+k)(\ell+k+1) \quad (\ell = 0, 1, 2, \cdots)$$

となります。これで第 1 の分離定数 A の値が決まりました。

こうして決まった A を,最後に残った R の微分方程式に代入します。形を整理すると,

$$r^2R'' + 2rR' + (r\alpha' + r^2E' - (\ell+k)(\ell+k+1))R = 0$$

となり,これも R'' の係数が 1 になるよう書き換えると

(K) $\quad R'' + \dfrac{2}{r}R' + \left(E' + \dfrac{\alpha'}{r} - \dfrac{(\ell+k)(\ell+k+1)}{r^2}\right)R = 0$

となることから,$r=0$ が特異点であることがわかります。それ以外に特異点はありませんが,r は他の変数 θ, φ と違って 0 から $+\infty$ までの値を取るので,$r\to+\infty$ となったときの挙動も調べる必要があります。我々は $L^2(\mathbb{R}^3)$ に入るような関数の中で解を探さないといけないので,それは $r\to+\infty$

のときにどんどん小さくなるような関数でなければなりません。微分方程式（K）に対しても，（L）に対して行ったのと同様の考察を，$r=0, \infty$ について行います。その考察はますます面白いのですが，残念ながらここでは説明できません。

≈≈≈≈≈≈≈≈≈ Tea break ≈≈≈≈≈≈≈≈≈

微分方程式（L）については $t=-1$ と $t=1$ でそれぞれ指定された挙動を同時に持つような解が存在するか，そして微分方程式（K）については $r=0$ と $r=\infty$ でそれぞれ指定された挙動を同時に持つような解が存在するか，という問題を考えるわけです。このように離れた点における挙動を調べる問題を，大域解析といいます。大域解析は局所解析に比べて格段に難しく，深遠な問題です。大域解析の難しさ，深さ，面白さを知るためには，本格的に解析学を学ぶ必要があると思います。

微分方程式（L）と（K）は，それぞれ「ルジャンドルの微分方程式」「クンマーの合流超幾何微分方程式」と呼ばれる微分方程式に簡単な変換を施したものになっています。ルジャンドルとクンマーの微分方程式は，初等関数では解けないのですが，例外的に大域解析が可能な微分方程式になっていて，そのため上記の A や下記の E' の値がかっちりと求められてしまいます。一般の微分方程式ではこのようなことは期待できず，A や E' の値は近似的に求めることになります。近似的に求めるのでさえ，大変難しく，面白い問題です。また値はかっちりとは求められなくても，A や E' の値はどの

ような現れ方をするのか，それを記述しようというのは重要な問題で，その研究からスペクトル理論という深い理論が生まれました。

≈≈≈≈≈≈≈≈≈≈ ≈≈≈≈≈≈≈≈

さて微分方程式 (K) に対する大域解析を行った結果，$E'<0$ の場合においては，$r=0$ において無限大に発散せず，かつ $r\to\infty$ において 0 に収束していくような解が存在するための条件として，

$$E = -\frac{m\alpha^2}{2\hbar^2}\frac{1}{(\ell+k+n+1)^2}$$

が得られます。ここで ℓ, k, n は 0 以上の整数です。

各ステップでは分離定数の値だけでなく，微分方程式の解も得られます。それぞれの解は多項式や指数関数・三角関数を用いて表されるものになります。したがってそれらの積として，シュレディンガー方程式の変数分離解

$$\Psi(t,x,y,z) = e^{-\frac{iE}{\hbar}t}\psi(x,y,z)$$

が得られるのです。ここに現れる E は上記の値で，3 つの整数 ℓ, k, n によって決まるとびとびの値を取ります。

ところで，E には変数分離を行う際に現れる定数（分離定数）というだけではなく，エネルギーという意味があるといいました。（弦の振動における分離定数 λ が周波数を決定す

るのと同様にです。)そこでどうして E がエネルギーとなるのか,ということを説明しなくてはなりません。

波動関数はその絶対値の2乗が確率密度関数となるような関数でした。したがって波動関数から電子の存在確率はわかるわけだけれど,もちろんあらゆる場所における存在確率がわかるということは運動がわかるということで,したがって運動に関するあらゆることは原理的にはわかります。特にエネルギーについても波動関数からわかるはずです。

そこで問題になるのは,波動関数からどうやってエネルギーなどの物理量を取り出せばよいか,ということです。

物理量とは何か

量子力学において物理量をどのようにとらえればよいのか,つまりどのように定義してどのように求められるか,という基本的で重要な問題には,数学者のフォン・ノイマンによって見事な解答が与えられました。その仕組みについて説明します。

その前に,具体的な計算が続きましたので,話を少し整理しましょう。水素原子中の電子の運動,というように,どのような場におけるどの粒子の運動を考えるか,ということを決めると,それに応じてシュレディンガー方程式が定まります。2個の粒子の運動を調べたいときには,2つの粒子のそれぞれの座標 (x_1, y_1, z_1) と (x_2, y_2, z_2) を用意して,$(x_1, y_1, z_1, x_2, y_2, z_2)$ の6変数を空間変数として採用すればよいし,n 個の粒子であれば $3n$ 変数を用意すればよいことになります。またどのような場であるかということは,ポテンシャル U

を指定することで記述できます。

　場に応じたポテンシャルを具体的に見つける手法も考えられています。量子力学は微小な世界を支配する法則ですが、物事のスケールを人間の大きさくらいまで大きくしたときには、そこで成立している古典力学（ニュートン力学・マクスウェル電磁気学）と整合するものでなければなりません。量子力学と古典力学をつなげる仕組みは、次の双方向の対応で実現されます。まず量子力学から古典力学へ移行するには、プランク定数 $h(=2\pi\hbar)$ を変数と見なして、

$$h \to 0$$

という極限を取ります。この操作を古典極限といいます。逆に古典力学から量子力学へ移行するには、正準量子化という手法が使われます。古典力学では、物理的な意味がよく見えるように方程式（法則）を書き換えるということがよく行われ、その中で最も重要な表現形式がラグランジュ形式とハミルトン形式です。それぞれの説明は物理の本にお任せすることにして、このうちのハミルトン形式で表された古典力学の方程式があったとしましょう。

　ハミルトン形式は正準座標という偶数個の変数で書かれてます。そのうち半分は位置を表す変数で、残り半分は運動量を表す変数です。この運動量を表す変数を、微分作用素で置き換える、という（乱暴な）操作をします。これを「正準量子化」と呼びます。そうするとハミルトン形式で与えられた運動方程式が、量子力学のシュレディンガー方程式に変貌するという仕組みです。

$$\text{古典力学} \underset{\text{古典極限}}{\overset{\text{正準量子化}}{\rightleftarrows}} \text{量子力学}$$

つまり,正準量子化によって,古典力学におけるポテンシャルからシュレディンガー方程式に現れるポテンシャル U が得られることになります。

というわけで,調べたい運動に応じてシュレディンガー方程式が立てられる,ということがわかりました。そこで以下ではシュレディンガー方程式が1つ立てられているとしましょう。また簡単のため,1個の粒子の運動の場合を考えることにします。

与えられたシュレディンガー方程式 (S) をあらためて書いておきましょう。

(S) $$i\hbar \partial_t \Psi = -\frac{\hbar^2}{2m} \Delta \Psi + U(x, y, z)\Psi$$

この解である波動関数 $\Psi(t, x, y, z)$ は,各時刻 t ごとにその絶対値の2乗が確率密度関数を与えるようなものでなければなりませんでした。したがって t を止めるごとに,$\Psi(t, x, y, z)$ の絶対値の2乗 $|\Psi(t, x, y, z)|^2 = \Psi(t, x, y, z)\overline{\Psi(t, x, y, z)}$ は,全空間 $\mathbb{R}^3$ 上で積分したときに有限の値にならなければなりません。すなわち

$$\int_{\mathbb{R}^3} \Psi(t, x, y, z)\overline{\Psi(t, x, y, z)}\, dx\, dy\, dz < \infty$$

という条件が課されます。

これは上でも見ましたが，$\Psi(t,x,y,z)$ が (x,y,z) の関数として $L^2(\mathbb{R}^3)$ に入るということです。このことを $\Psi(t,\cdot) \in L^2(\mathbb{R}^3)$ と表しましょう。$L^2(\mathbb{R}^3)$ はヒルベルト空間です。したがって波動関数は，シュレディンガー方程式 (S) の解であって，かつヒルベルト空間 $L^2(\mathbb{R}^3)$ に属するもの，ということになります。このような関数全体の集合を $\mathcal{H}_S$ で表しましょう。すなわち

$$\mathcal{H}_S = \{\Psi(t,x,y,z)\,;\,\Psi(t,x,y,z) \text{ は (S) の解},\\ \Psi(t,\cdot) \in L^2(\mathbb{R}^3)\}$$

ということです。

微分方程式 (S) が線形微分方程式であるため，解を2つ足しても解になるし定数倍しても解になり，したがって $\mathcal{H}_S$ はベクトル空間になります。つまり $\mathcal{H}_S$ はヒルベルト空間 $L^2(\mathbb{R}^3)$ の部分集合であるベクトル空間（それを部分空間と呼びます）になり，それ自身がヒルベルト空間となります。

というわけで，シュレディンガー方程式1つに対してヒルベルト空間が1つ対応する，ということがわかりました。これがフォン・ノイマンの第1の観点です。

$$\boxed{\text{シュレディンガー方程式 (S)} \leftrightarrow \text{ヒルベルト空間 } \mathcal{H}_S}$$

ヒルベルト空間 $L^2(\mathbb{R}^3)$ における内積は，$f, g \in L^2(\mathbb{R}^3)$ に対して

$$(f,g) = \int_{\mathbb{R}^3} f(x,y,z)\overline{g(x,y,z)}dx\,dy\,dz$$

により定義されます。したがってその部分空間である $\mathcal{H}_S$ に

おける内積の定義もこれをそのまま使います。この内積は複素内積の定義（CIP）をみたすことが確かめられます。またこの内積は，複素内積であるところが少し違うけれど，フーリエが熱の研究で用いた内積と同様のものになっていますね。そこでフーリエの議論を思い出してみましょう。

フーリエは熱方程式

(H) $$\partial_t u = \partial_x^2 u$$

の変数分離解を求めました。その際，空間方向の微分方程式は $\partial_x^2 v + \lambda v = 0$ となりましたが，これを

$$-\partial_x^2 v = \lambda v$$

と書きましょう。v として境界条件

(BC) $$v(0) = v(\pi) = 0$$

をみたすものを考えると，λ は微分作用素 $-\partial_x^2$ の固有値として n^2 という値を取り，対応する固有関数が $\sin nx$ で与えられました。さて内積を

$$(f, g) = \int_0^\pi f(x)g(x)dx$$

によって定めると，異なる固有値に対する固有関数 $\sin mx$, $\sin nx$ は互いに直交するのでした。（この直交性がその後の議論のベースになるのでした。）

ここで次の事実に注意します。$f(x), g(x)$ を境界条件（BC）をみたす関数とするとき，

335

(SA) $\quad (-\partial_x^2 f(x), g(x)) = (f(x), -\partial_x^2 g(x))$

が成り立ちます。証明は以下の通りです。

$$(左辺) = -\int_0^\pi f''(x)g(x)dx$$

$$= -\left\{ [f'(x)g(x)]_0^\pi - \int_0^\pi f'(x)g'(x)dx \right\}$$

$$= \int_0^\pi f'(x)g'(x)dx$$

$$= [f(x)g'(x)]_0^\pi - \int_0^\pi f(x)g''(x)dx$$

$$= -\int_0^\pi f(x)g''(x)dx$$

$$= (右辺)$$

2番目と4番目の等号では部分積分を使い,3番目と5番目の等号では境界条件を使いました。内積に対する微分作用素 $-\partial_x^2$ の振る舞い (SA) は,エルミート行列の定義と同じですね。(ただし今は複素内積ではなくてふつうの内積を考えていますので,正確には対称行列の定義に相当します。) $-\partial_x^2$ は行列ではなく微分作用素なので,エルミート行列の代わりに**エルミート作用素**と呼びます。定理8.2によって,エルミート行列の異なる固有値に対する固有ベクトルは直交することがわかっていました。定理8.2はエルミート行列の内積に対する振る舞いから導かれるので,エルミート作用素 $-\partial_x^2$ に対してもその証明を当てはめることができて,$\sin mx$ と

$\sin nx$ の直交性が積分の計算をすることなく導かれます。

固有値 n^2 には物理的な意味があります。この固有値に対応する波動方程式の解は

$$u_n(t,x) = e^{-n^2 t} \sin nx$$

でしたから，n^2 は解 $u_n(t,x)$ が時刻 t とともに指数関数的に減少していく（恒等的に0という関数に近づいて行く）スピードを表すものだったのです。

シュレディンガー方程式の話と対応させるため，熱方程式に対してもヒルベルト空間を考えることにすると，

$$\mathcal{H}_H = \{f(t,x); f(t,x) \text{ は (H) の解,}$$
$$f(t,0) = f(t,\pi) = 0\}$$

となるでしょう。微分作用素 $-\partial_x^2$ はヒルベルト空間 $\mathcal{H}_H$ に働く作用素としてエルミート作用素となっていました。つまり $-\partial_x^2$ は写像

$$-\partial_x^2 : \mathcal{H}_H \to \mathcal{H}_H$$

を定め，$\mathcal{H}_H$ に定義されている内積 (,) に対して (SA) をみたすのです。エルミート作用素 $-\partial_x^2$ の固有関数 $u_n(t,x)$ はヒルベルト空間 $\mathcal{H}_H$ の基底 $\{u_n(t,x)\}$ を構成し，任意の $u(t,x) \in \mathcal{H}_H$ が $u_n(t,x)$ たちの重ね合わせで表されます。またエルミート作用素 $-\partial_x^2$ の固有値 n^2 には，物理的な意味がありました。

さてこのような定式化をシュレディンガー方程式に当てはめます。シュレディンガー方程式 (S) に対応するヒルベル

ト空間 $\mathcal{H}_S$ を考え，$\mathcal{H}_S$ に働くエルミート作用素 A が与えられたとします。すなわち写像

$$A : \mathcal{H}_S \to \mathcal{H}_S$$

であって，$u, v \in \mathcal{H}_S$ に対して

$$A(\alpha u + \beta v) = \alpha A u + \beta A v \quad (\alpha, \beta \in \mathbb{C})$$

をみたし，かつエルミート性（自己共役性）

(SA) $\qquad (Au, v) = (u, Av) \quad (u, v \in \mathcal{H})$

をみたすものを考えます。さらに A の固有ベクトルからなる $\mathcal{H}_S$ の完全正規直交基底 $\{u_n\}$ が存在するとしましょう。この最後の条件については，物理的内容と数学的定式化の両面から詳しく説明すべきところですが，ここでは深入りしないでおきます。

ヒルベルト空間 $\mathcal{H}_S$ の元 u は，ある粒子の量子力学的状態を記述する波動関数です。u は基底 $\{u_n\}$ の重ね合わせで表されます。

$$u = \sum_n \alpha_n u_n$$

ここで $\alpha_n \in \mathbb{C}$ です。ヒルベルト空間 $\mathcal{H}_S$ の内積 $(\ ,\ )$ について基底 $\{u_n\}$ が正規直交であるというのは，

$$(u_m, u_n) = 0 \ (m \neq n), (u_n, u_n) = 1$$

ということで，2番目の等式から，u_n は定数倍の調整をすることなくそのままで確率密度関数になっているということが

わかります。$u \in \mathcal{H}_S$ についても,そのままで確率密度関数になっているとしましょう。すると

$$1 = (u, u) = \left(\sum_m \alpha_m u_m, \sum_n \alpha_n u_n\right) = \sum_{m,n} \alpha_m \bar{\alpha}_n (u_m, u_n)$$

$$= \sum_n |\alpha_n|^2$$

が得られます。

基底の元 u_n はエルミート作用素 A の固有関数でした。対応する固有値を λ_n としましょう。λ_n はエルミート作用素の固有値なので実数で(定理 8.1 によります),何らかの物理的な意味があることが想定されます。このとき

$$A u_n = \lambda_n u_n$$

なので,これより

$$(A u_n, u_n) = \lambda_n (u_n, u_n) = \lambda_n$$

が得られます。このことに注意すると,

$$(A u, u) = \sum_n \lambda_n |\alpha_n|^2$$

が得られることがわかります。(計算は (u, u) の計算とほぼ同様です。)この値も,λ_n が実数なので実数値となります。この値が,波動関数 u で表される量子力学的状態における物理量である,と解釈されるのです。たとえばシュレディンガー方程式自身の右辺の微分作用素

$$A = -\frac{\hbar^2}{2m}\Delta + U(x, y, z)$$

は,熱方程式のときと同様にエルミート作用素になります。これに対していまの手続きを行うと,波動関数 u に対して

$$(Au, u) = \sum_n E_n |\alpha_n|^2$$

という形の値が得られ,これは(この場合には)エネルギーを表しています。また

$$P_x = -i\hbar\partial_x,\ P_y = -i\hbar\partial_y,\ P_z = -i\hbar\partial_z$$

という微分作用素は,それぞれ x, y, z 方向の運動量を与えるエルミート作用素となります。

そこでフォン・ノイマンは,物理量とはエルミート作用素である,と考えました。すなわち彼の第2の観点は

> 物理量 ↔ エルミート作用素

ということです。もう少し親切にいうと,考えている量子力学的状態を表すヒルベルト空間 $\mathcal{H}_S$ に働くエルミート作用素 A は,各波動関数 $u \in \mathcal{H}_S$ に対して

$$(Au, u)$$

という実数を与えるが,この実数が u のある物理量と見なせる,ということになります。これが物理量の取り出し方です。

ではどのエルミート作用素がどの物理量を表すのか,とい

う問題が残りますが，それはたとえば正準量子化を通して知ることができます．古典力学ではエネルギー，運動量，角運動量などといった物理量がきちんと定式化されていますので，それからしかるべき正準量子化の操作によってエルミート作用素を構成することができます．そのように得られたエルミート作用素は，古典力学のそれぞれ対応する物理量を表していると考えられるのです．

前節で水素原子中の電子の運動をシュレディンガー方程式を用いて解析しました．その右辺の微分作用素は上述のようにエルミート作用素です．それに対する固有値 E（分離定数として現れました）がエネルギーを表すことは，このようにして（正準量子化を通して）わかります．前節では，$E<0$ とした場合には E はとびとびの値しか取らない，という結論を得ていました．この結論は，水素のエネルギー準位として知られる現象を見事に説明するものになっています．

フォン・ノイマンはヒルベルト空間をはじめとする数学的概念を整備して，量子力学の数学的記述を完成させました．公平を期していえば，量子力学を作り上げたのは物理学者であり，シュレディンガーの理論とハイゼンベルクの行列力学という2通りの理論が作り上げられました．この2つの理論が等価であって，同じことを違う言い方で述べているものである，ということを明確にしたのがフォン・ノイマンの仕事です．その意味では量子力学の本質的部分は物理学者の作であり，フォン・ノイマンはそれを数学的に記述したに過ぎない，という理解もあり得ます．しかし数学のことばで記述できたのは大事なことで，そのおかげで量子力学は数学者にも

物理学者にも見通しのよい理論となり，その後の大きな発展につながりました。

　最後に1つだけ補足しておきます。これまでの説明ではエルミート作用素の固有値はとびとびの値を取るかのように述べてきましたが，実際には連続的な値を取ることがあります。その場合は連続スペクトルと呼びますが，連続スペクトルが現れる場合でもその扱い方は整備されています。なお第6章で登場したディラックのデルタ関数 $\delta(x)$ は，連続スペクトルが現れる場合の記述に使うために考案されたものです。

　以上で本書における量子力学の話はおしまいです。本格的な量子力学はここからスタートするのですが，何とか入り口までは到達できたのではないかと思います。量子力学を解析学の立場から見る見方が伝わったなら，うれしい限りです。この先を目指す方は，量子力学の専門書，あるいはヒルベルト空間（関数解析）や表現論の勉強に進まれたらいかがでしょうか。

あとがき

　ふう，ようやく20世紀の解析学までたどり着きました。長く険しい道のりでしたね。

　本書執筆のお話をブルーバックス編集部の梓沢修氏からいただいたときは，テーマが大きすぎてとても手に負えないと固辞したのですが，覚悟を決めてお引き受けすることになってから，次の2つを目指すことにしました。

　1つは，解析学の全体像がつかめるような本にしたい，ということでした。解析学は巨大な研究分野なので，なかなかその全体像を把握するのは難しい，しかし何らかの俯瞰的な視点が持てれば，物事の繋がりがわかって理解の助けになります。そのため，歴史の流れに沿って，その時代その時代に新しい局面を切り拓いた人物を描きながら述べていくことにしました。

　もう1つは，表面的に何となくわかった気にさせることではなく，それぞれのテーマの核心をできる限り伝えたいということでした。本格的な教科書ではないのでもとより限界はありますが，逆に「これが核心だ」とクローズアップする書き方ができるかな，とも思いました。口当たりがよいとは言

えないかもしれません。しかし，どの部分にも人々の叡智の結晶が詰まっています。ここに何か大事なことがあるんだな，と思ってもらえるだけでも十分です。その先を知りたくなったら，たとえば専門書*を覗いてみるのもよいでしょう。

さて目指すところが実現できたか，読者の皆様のご判断に委ねたいと思います。

ニュートンが晩年に語ったとされることばで締めくくりたいと思います。微分法を発見し，運動の法則を確立して森羅万象をつかまえたニュートンに，ある人がその成し遂げたことについての感想を求めたときに述べたものです。

——私は自分が，海辺で，ふつうよりつるつるした小石やきれいな貝殻を集めて遊んでいる少年のように思えます。そしてその目の前には，まだ見つけられていない真理を湛えた大海原が広々と横たわっているのです。——

2018 年 10 月

原岡喜重

---

* 拙著『解析学基礎』（共立出版）では本書と同じ方向で解析学の厳格な基礎づけを行いました。

参考文献

　解析学を学び始めるには，大学生向けの「微分積分」に関する教科書が適当かもしれません．たくさん出版されていますので（私も2冊書いています），好みに合うものを見つければよいと思います．きっちりと学びたい方には，次の2冊をお薦めいたします．
[1] 藤原松三郎『微分積分学　第1巻，第2巻　改訂新編』内田老鶴圃，2016/2017．
[2] 高木貞治『解析概論　改定第三版』岩波書店，1983．

　微分方程式についてもたくさん教科書が出版されています．
[3] 原岡喜重『微分方程式　増補版』数学書房，2016．
はコンパクトにまとまっていて読みやすいかと思います．

　複素解析については
[4] 木村俊房・高野恭一『関数論』朝倉書店，1991．
[5] 犬井鉄郎・石津武彦『複素函数論』東京大学出版会，1966．
が理論と具体例のバランスがよく，お薦めです．

　量子力学についても良書がたくさんありますが，1つ挙げ

るとするなら
[6] 朝永振一郎『量子力学 I, II』みすず書房，1952。
でしょうか。きちんと読むのは大変ですが，名著の誉れ高い本です。朝永先生の本はどれも含蓄が深く，読み返す度に新しい感銘を受けます。

表現論については，初学者向けの適当な教科書は思いつきませんが，ある程度数学の基礎知識をお持ちの方は
[7] 小林俊行・大島利雄『リー群と表現論』岩波書店，2005。
で勉強されるとよいでしょう。

最後に，私の最も尊敬する 20 世紀の数学の巨人，ゲルファントの講義録を挙げましょう。
[8] 吉沢尚明 [監修]・野海正俊・梅田亨・若山正人 [編著]『多変数超幾何函数　ゲルファント講義 1989』日本評論社，2016。
解析学が生き生きと躍動する姿を目の当たりにすることができます。

さくいん

【あ行】

アーベル 192
アインシュタイン 301
アキレスと亀 18, 143
アルキメデス 21
ある瞬間の速さ 54
位相幾何学 297
一致の定理 270
インテグラル 75
運動 18
エネルギー 330
エネルギー量子 302
エルミート行列 312
エルミート作用素 336, 340
エルミート性 338
オイラー 137
オイラーの公式 242, 247
岡潔 298
温度勾配 118

【か行】

解析学 18
解析接続 274
解の一意性 195
解の存在 195
ガウス 237
確率密度関数 316
重ね合わせ 112
可算集合 174
加速度 62
加法性 92
ガリレオ 42
ガロア理論 192
関数 185
関数解析 221
完全正規直交基底 228
カントール 179
完備 227
完備性 166
逆関数 69
逆写像 295
逆理 18
求積法 191
境界条件 109, 123
共役複素数 309

347

極限　153
極座標　240, 322
虚数　239
グリーン関数　211
ケプラー　38
ケプラーの第1法則　39
ケプラーの第2法則　41
ケプラーの第3法則　42
光電効果　303
コーシー　159, 256
コーシーの積分公式　261
コーシーの積分定理　258
コーシー・リーマン方程式　256, 288
コーシー列　159, 163, 182, 226
黒体輻射　301
黒体放射　301
固有関数　117
固有値　116, 313
固有ベクトル　117, 313
固有方程式　117

【さ行】

自己共役性　338
指数関数の加法定理　67
指数関数の微分　67
指数関数の複素数への拡張　247

実数　163, 173
実数の連続性　168
射影　127
収束　145, 153
収束円　250
収束半径　251
縮小写像の原理　233
シュレディンガー方程式　316, 318, 334
シュワルツ　208
常微分方程式　108
初期条件　123
スペクトル理論　330
正規直交基底　228
静磁場　294
正準座標　332
正則関数　255, 262, 268
静電場　294
ゼータ関数　249
積の微分法　64
積分　75
積分に関する平均値の定理　76
接線　60
線形空間　222
線形微分方程式　112, 317
全単射　295
双対　288
速度　45, 57

速度ベクトル 285
ソクラテス 12

【た行】

代数学の基本定理 237
多価関数 276
多価性 276
多項式 245
ダランベール 106
単調増加 170
単調増加数列 169
単連結領域 283, 295
超関数 209
直線の傾き 60
直交 128, 130
テイラー展開 248
ディラックのデルタ関数 207, 342
デデキント切断 179
等角同型 295
等速運動 48
特異点 264
トポロジー 297

【な行】

内積 126, 223, 311
ニュートン 53
ニュートンの運動法則 62

ニュートン法 150
熱伝導方程式 122
熱方程式 122
ノルム 224

【は行】

ハイゼンベルクの行列力学 341
波動関数 316
波動方程式 105
バナッハ空間 229
ハミルトン形式 332
速さ 45
パラドックス 18
ハルトークスの原理 297
万有引力 294
非可算集合 184
ピタゴラス 99
比熱 118
微分 53, 58
微分方程式 63, 189
ヒルベルト空間 227, 309, 334
フーリエ 117
フーリエ解析 211
フーリエ展開 134
フォン・ノイマン 331
複素解析 236
複素関数 244

複素数　236
複素平面　239
物理量　331, 340
不動点定理　233
部分積分　93
プラトン　13
プランク　300
プランク定数　332
分布　209
分離定数　330
平均値の定理　97
ベキ級数　246, 249, 262
ベクトル空間　222
ヘビサイド関数　206
ベルヌーイ（ダニエル）　106
ベルヌーイ（ヨハン）　106
変化　61
偏角　240
変数分離　321
変数分離解　107
偏微分方程式　108
ポテンシャル　285, 318

【ま行】

密度関数　306
無限　19, 27
無限小　27, 57, 189

無限和　142
面積速度　41

【や行】

有理関数　245
有理数　161

【ら行】

ライプニッツ・ルール　64
ラグランジュ　106, 192
ラプラシアン　318, 323
ラプラス方程式　286
リプシッツ条件　196
リーマン　294
リーマン積分　213
リーマンの写像定理　294
リーマン和　75, 257
留数定理　265
流線　291
流体力学　284
量子　304
量子力学　299, 333
ルベーグ積分　213, 216
ルベーグ測度　217
ルベーグの収束定理　219
連続スペクトル　342

N.D.C.413　　350p　　18cm

ブルーバックス　B-2079

はじめての解析学(かいせきがく)
微分、積分から量子力学まで

2018年11月20日　第1刷発行
2023年5月12日　第2刷発行

著者	原岡(はらおかよししげ)喜重
発行者	鈴木章一
発行所	株式会社講談社
	〒112-8001 東京都文京区音羽2-12-21
電話	出版　03-5395-3524
	販売　03-5395-4415
	業務　03-5395-3615
印刷所	(本文印刷) 株式会社KPSプロダクツ
	(カバー表紙印刷) 信毎書籍印刷株式会社
製本所	株式会社国宝社

定価はカバーに表示してあります。
©原岡喜重　2018, Printed in Japan
落丁本・乱丁本は購入書店名を明記のうえ、小社業務宛にお送りください。送料小社負担にてお取替えします。なお、この本についてのお問い合わせは、ブルーバックス宛にお願いいたします。
本書のコピー、スキャン、デジタル化等の無断複製は著作権法上での例外を除き禁じられています。本書を代行業者等の第三者に依頼してスキャンやデジタル化することはたとえ個人や家庭内の利用でも著作権法違反です。
Ⓡ〈日本複製権センター委託出版物〉複写を希望される場合は、日本複製権センター（電話03-6809-1281）にご連絡ください。

ISBN978-4-06-513853-3

発刊のことば

科学をあなたのポケットに

二十世紀最大の特色は、それが科学時代であるということです。科学は日に日に進歩を続け、止まるところを知りません。ひと昔前の夢物語もどんどん現実化しており、今やわれわれの生活のすべてが、科学によってゆり動かされているといっても過言ではないでしょう。

そのような背景を考えれば、学者や学生はもちろん、産業人も、セールスマンも、ジャーナリストも、家庭の主婦も、みんなが科学を知らなければ、時代の流れに逆らうことになるでしょう。

ブルーバックス発刊の意義と必然性はそこにあります。このシリーズは、読む人に科学的に物を考える習慣と、科学的に物を見る目を養っていただくことを最大の目標にしています。そのためには、単に原理や法則の解説に終始するのではなくて、政治や経済など、社会科学や人文科学にも関連させて、広い視野から問題を追究していきます。科学はむずかしいという先入観を改める表現と構成、それも類書にないブルーバックスの特色であると信じます。

一九六三年九月

野間省一